物理テキストシリーズ

量子力学入門

阿部龍蔵著

岩波書店

まえがき

　著者の所属する東京大学教養学部基礎科学科では，2年生の後半から量子力学の講義が始まる．本書は，その講義に準拠した量子力学への文字通り"入門書"である．上述の時点で，学生諸君は古典力学，電磁気学，熱学，振動と波動など物理学の基礎分野を習得し，また偏微分，いくつかの重要な積分公式，ベクトル解析の初歩など数学的な基本も身につけ，量子力学へ進むための一応の土台ができ上がったといえる．もっとも，量子力学の本格的な勉学をするには，さらにいくつかの準備が必要となる．

　過去何回か量子力学の講義を行った経験から考えるに，どうも量子力学はわかり難い学問らしい．かくいう著者自身も量子力学を学び始めた頃，似たような印象をもった．その理由として，第1に波と粒子の二重性といった古典物理学ではまったくなじみのない概念が登場してくること，第2に量子力学を学ぶにはかなり進んだ数学的知識の要求されることが指摘されよう．そこで，本書の執筆に当り，可能な限りこの種の困難を解消するよう努めた．大学2年後半の段階では，たいていの場合，解析力学は未知の領域であろう．この点を考慮し，古典力学の復習も兼ね，第1章を解析力学の説明にあてた．また，歴史的な背景を踏まえ，第2章では，なぜ古典物理学が破綻したかを述べた．焦点を光電効果と光のスペクトルにしぼり，波と粒子の二重性を強調した．第3章から第5章までが，いわば本書の主題で，1粒子の量子力学を取り扱っている．記述の進行にともない，ガンマ関数，フーリエ積分，ラプラシアンの変換，球面調和関数などが出現してくる．冒頭にいくつかの準備と書いたのはこの種の数学的要素を指すが，

これらは別途，物理数学として学ぶのがふつうであろう．しかし，本書では，数学的事項をすべて本文中に織り込んだ．この場合でも，読者の数学的素養が大学2年後半の程度と想定し，なるべく丁寧な叙述に努め，楽に数式が追えるよう配慮した．したがって，本書は量子力学と同時に物理数学への入門書という性格をもち，この点が本書の特色といえよう．上述程度の素養があれば，他書に頼ることなく，最後まで読みこなせるものと期待している．

　第6章を除き，各章の終りには，数題の演習問題を設けた．これらはその章のまとめであるとともに，場合によっては以後の章でその結果を利用することもある．解答はすべて本書の末尾に解説したので，一通りは目を通してほしい．紙数の関係上，スピン，量子統計，摂動論，散乱問題といった量子力学の重要課題は第6章でごく簡単に触れるにとどまった．しかし，量子力学のより進んだ学習のため，本書がいささかでもお役に立てば著者にとって望外の喜びである．

　最後に，本書の執筆，出版に当り，いろいろお世話になった岩波書店の宮内久男氏にあつく感謝の意を表したいと思う．

　1980年 春

著者しるす

　本書は岩波全書として多くの読者に迎えられてきたが，このたび「物理テキストシリーズ」の1冊に加えられることになった．装いを新たにした本書が，今後も読者のお役に立つことができれば幸いである．

　1987年1月

著　　者

目　　次

まえがき

第1章　解析力学 …………………………………… 1
§1　はじめに ………………………………………… 1
§2　仮想仕事の原理 ………………………………… 3
§3　ダランベルの原理 ……………………………… 7
§4　ハミルトンの原理 ……………………………… 9
§5　ラグランジュの方程式 ………………………… 15
§6　ハミルトンの正準方程式 ……………………… 18

第2章　量子力学が生まれるまで ………………… 27
§1　古典物理学の破綻 ……………………………… 27
§2　原子の出す光 …………………………………… 37
§3　前期量子論 ……………………………………… 40
§4　ドゥ・ブローイーの物質波 …………………… 47

第3章　シュレーディンガー方程式 ……………… 53
§1　波動性の表現法 ………………………………… 53
§2　シュレーディンガー方程式の例 ……………… 60
§3　波動関数 ………………………………………… 69
§4　1次元調和振動子 ……………………………… 92
§5　エーレンフェストの定理 ………………………101

第4章　量子力学の一般原理 ………………………108
§1　物理量と演算子 …………………………………108

目次

- §2 不確定性原理 …………………………124
- §3 行列による表現 …………………………131
- §4 行列力学 …………………………137

第5章 中心力場にある粒子 …………………………142

- §1 シュレーディンガー方程式 …………………………142
- §2 球面調和関数 …………………………150
- §3 水素原子 …………………………163

第6章 さらに勉学を進めたい人のために …………174

- §1 スピンと量子統計 …………………………174
- §2 近似方法 …………………………176
- §3 散乱理論 …………………………183
- §4 参 考 書 …………………………187

演習問題の解答 …………………………189
索　引 …………………………203

第1章 解析力学

§1 はじめに

　高等学校や大学初年級で学ぶ力学は，ニュートン(I. Newton, 1642～1727)が確立したもので，現在では**ニュートン力学**とか**古典力学**とよばれている．古典力学は，マクロな世界での力学的な現象，例えば落体の運動，振り子の振動，惑星の運動などをきわめて正確に記述することができる．宇宙空間に飛び立ったロケットが計算通りの軌道をえがき，木星やその衛星の鮮明な写真を送ってくる事実からも，いかに古典力学が正確であるかが納得できよう．

　これに反して，第2章で述べるように，原子や電子といったミクロな世界での現象を古典力学の立場で理解しようとすると，いくたの困難や矛盾につきあたる．この壁をつき破る力学が**量子力学**である．量子力学は，古典力学をその特殊な場合として含むような，より広い力学体系である．本書の主題は量子力学にあるのだが，それは第2章以下に回すことにし，この章では古典力学の復習をしておこう．もっとも，一口に古典力学といっても，読者が高等学校あたりで学んだ力学とはだいぶその形式が異なる．ここで学ぶ力学は**解析力学**とよばれるもので，あえてその説明に1章をあてたのは次の理由による．

　まず第1に，量子力学では解析力学における言葉をそのまま借用して使う場合が多いからである．例えば，ハミルトニアンという用語は，そもそも解析力学で導入されたのだが，同じ用語が量子力学でも使われる．言葉に慣れるという点からも解析力学の学

習が必要になる．また第2に，ある立場に立つと，量子力学と解析力学とは非常によく似た形式をもつためである．この点については第4章で説明するつもりであるが，いわば，解析力学は，古典力学と量子力学とをつなぐ"かけ橋"の役目をもつのである．といったわけで，以下，解析力学の話を進めていく．解析力学をよく御存知の読者は，この章を飛ばし第2章から始めてもかまわない．

古典力学における基本的な方程式は，**ニュートンの運動方程式**である．質量 m の1個の質点が $\boldsymbol{F}$ という力を受けながら運動する場合を考えてみよう．この質点の位置を指定するため，空間内に適当な座標原点 O をとり，質点の位置ベクトルを $\boldsymbol{r}$ とする(図1.1)．あるいは，直交座標を導入し，$\boldsymbol{r}=(x,y,z)$ であると考えてもよい．そうすると，この質点に対するニュートンの運動方程式は

$$m\ddot{\boldsymbol{r}} = \boldsymbol{F} \qquad (1.1)$$

と表される．ただし，$\ddot{\boldsymbol{r}}$ は質点の加速度で，$\boldsymbol{r}$ の時間 t に関する2階微分を意味する($\ddot{\boldsymbol{r}}=\mathrm{d}^2\boldsymbol{r}/\mathrm{d}t^2$)．力 $\boldsymbol{F}$ の x, y, z 成分を X, Y, Z とすれば，(1.1)は

$$m\ddot{x} = X, \qquad m\ddot{y} = Y, \qquad m\ddot{z} = Z \qquad (1.2)$$

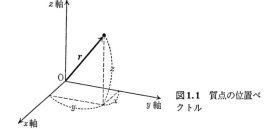

図1.1　質点の位置ベクトル

と書くことができる.

　力 $\boldsymbol{F}$ が $\boldsymbol{r}$ や t の関数としてわかっていれば，(1.1)あるいは(1.2)の微分方程式を解いて質点の運動が決められる．このように，古典力学の主要な課題はニュートンの運動方程式を解くことである．しかし，場合によっては，ニュートンの運動方程式を変形してそれをもっと使いやすい形に直した方が便利なことがある．とくに，この方程式と同等ないくつかの原理を用いると，力学の問題を解析的にとり扱うのが容易になる．このような形式の力学が解析力学である．以下順を追ってこれらの原理を説明していこう．

§2　仮想仕事の原理

　§1で考えた質点の問題で，たまたまその質点が静止しているとき，質点は**平衡状態**にあるという．また，その位置を**平衡の位置**とか**平衡点**とよぶ．平衡状態では，$\boldsymbol{r}=$一定 であるから，(1.1)よりわかるように

$$\boldsymbol{F}=0 \qquad (1.3)$$

でなければならない．あるいは，成分で表すと

$$X=0, \quad Y=0, \quad Z=0 \qquad (1.4)$$

となる．X, Y, Z が $\boldsymbol{r}$ の関数としてわかっていれば，(1.4)を解くことにより平衡点が決まる．

　さて，平衡点にある質点に，仮に $\delta\boldsymbol{r}$ という微小変位を与えたとしよう．$\delta\boldsymbol{r}$ は運動する質点が時間 dt の間に実際に行う変位 $d\boldsymbol{r}=\dot{\boldsymbol{r}}dt$ とは違い，勝手に考えられたものである．このため，$\delta\boldsymbol{r}$ を**仮想変位**という．一般に，$\boldsymbol{F}$ の力を受けている質点が $\delta\boldsymbol{r}$ の変位を行うとき，力のする仕事 δW は $\delta W=\boldsymbol{F}\cdot\delta\boldsymbol{r}$ で与えられる．$\delta\boldsymbol{r}$ を成分で表し，$\delta\boldsymbol{r}=(\delta x, \delta y, \delta z)$ とすれば $\delta W=X\delta x+Y\delta y+Z\delta z$

と書ける．したがって，平衡の場合には(1.4)により

$$X\delta x + Y\delta y + Z\delta z = 0 \tag{1.5}$$

が成り立つ．すなわち，質点が平衡の状態にあると，これに任意の微小変位を与えたとき，働く力のする仕事は0である．これを**仮想仕事の原理**という．(1.5)でとくに $\delta y=\delta z=0$, $\delta x \neq 0$ とすれば $X=0$ が導かれ，このようにして，(1.4)と(1.5)とは数学的に同等であることがわかる．

以上の原理は，容易に質点の集合，すなわち**質点系**に拡張することができる．質点系に n 個の質点が含まれているとし，その i 番目の質点の質量を m_i, 位置ベクトルを $\boldsymbol{r}_i$, またそれに働くすべての力の和を $\boldsymbol{F}_i$ とすれば，運動方程式は

$$m_i \ddot{\boldsymbol{r}}_i = \boldsymbol{F}_i \quad (i=1, 2, \cdots, n) \tag{1.6}$$

と表される．質点系が平衡状態にあると，それに含まれる質点はすべて静止しているから $\boldsymbol{F}_i = 0$ が成り立つ．この場合，i 番目の質点に $\delta \boldsymbol{r}_i$ の仮想変位を与えると

$$\sum_i \boldsymbol{F}_i \cdot \delta \boldsymbol{r}_i = 0 \tag{1.7}$$

という仮想仕事の原理が成り立つ．

仮想仕事の原理の例（曲面上の質点の平衡）

なめらかな曲面上に束縛されている質点の平衡を考えてみよう．この場合，質点には重力のような力のほかに，曲面からの束縛力 $\boldsymbol{R}$ が働く．曲面がなめらかであるということは，$\boldsymbol{R}$ が曲面と垂直であることを意味する(図1.2)．よって，$\delta \boldsymbol{r}$ を曲面上にとれば，$\boldsymbol{R} \cdot \delta \boldsymbol{r} = 0$ となり，このため仮想仕事として束縛力のする仕事を考慮しなくてもよい．ここで，質点に対する束縛条件は

$$f(x, y, z) = 0 \tag{1.8}$$

で与えられるとする．x, y を与えると(1.8)から z が決まり，

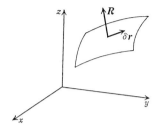

図1.2 曲面上に束縛された質点

(1.8)は質点が曲面上に束縛されていることを表す.仮想変位 $\delta\boldsymbol{r}$ は曲面上にあるとしたから

$$f(x+\delta x, y+\delta y, z+\delta z) = 0 \qquad (1.9)$$

が成り立つ.あるいは,(1.8)に注意し,上式を展開し高次の項を無視すると

$$\frac{\partial f}{\partial x}\delta x + \frac{\partial f}{\partial y}\delta y + \frac{\partial f}{\partial z}\delta z = 0 \qquad (1.10)$$

と表される.

一方,仮想仕事の原理により

$$X\delta x + Y\delta y + Z\delta z = 0 \qquad (1.11)$$

と書け,(1.10), (1.11)の連立方程式を解くことによって,平衡点の座標 x, y, z が求められる.この種の方程式をとり扱うときよく使われるのは**ラグランジュ**(J. L. Lagrange, 1736〜1813)**の未定乗数法**である.(1.10)に適当な乗数(ラグランジュの未定乗数)λ をかけて(1.11)に加えると

$$\left(X+\lambda\frac{\partial f}{\partial x}\right)\delta x + \left(Y+\lambda\frac{\partial f}{\partial y}\right)\delta y + \left(Z+\lambda\frac{\partial f}{\partial z}\right)\delta z = 0 \qquad (1.12)$$

がえられる.ここで,未定乗数とはいっても,λ は一般に x, y, z の関数であると考え,これを

$$Z+\lambda\frac{\partial f}{\partial z}=0 \tag{1.13}$$

が成立するよう選んだとしよう.そうすると,$\delta x, \delta y$ は任意に変えられるので,(1.12)の $\delta x, \delta y$ の係数はともに0でなければならない.したがって,結局,x, y, z に対して対称的な関係

$$X+\lambda\frac{\partial f}{\partial x}=0, \quad Y+\lambda\frac{\partial f}{\partial y}=0, \quad Z+\lambda\frac{\partial f}{\partial z}=0 \tag{1.14}$$

が導かれたことになる.

例えば,図1.3のように,半径 a の球面上に質量 m の質点が束縛されていると,球の中心を原点にとり,(1.8)の束縛条件は

$$f(x,y,z)=x^2+y^2+z^2-a^2=0 \tag{1.15}$$

となる.また,質点には重力が働くので,鉛直上向きに z 軸をとると

$$X=0, \quad Y=0, \quad Z=-mg \tag{1.16}$$

と表され,(1.14)から

$$2\lambda x=0, \quad 2\lambda y=0, \quad -mg+2\lambda z=0 \tag{1.17}$$

がえられる.3番目の式から $\lambda\neq 0$ がわかるので,平衡点は $x=0$, $y=0$ である.球の最上点 $(0,0,a)$ では,質点が平衡点からちょっとずれると,ますますそのずれが大きくなる.このような平衡点

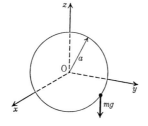

図1.3 球面上の質点

を**不安定な平衡点**という．一方，球の最下点 $(0, 0, -a)$ では，質点がずれてももとの位置にもどろうとする．このような平衡点を**安定な平衡点**という．

§3 ダランベールの原理

(1.1)の運動方程式を

$$\boldsymbol{F} - m\ddot{\boldsymbol{r}} = 0 \tag{1.18}$$

と書き，これを(1.3)と比べると，質点が $\ddot{\boldsymbol{r}}$ の加速度で運動しているとき，$\boldsymbol{F}$ に $-m\ddot{\boldsymbol{r}}$ の力を加えれば質点はあたかも平衡状態にあるかのように考えることができる．これを**ダランベール**(J. R. d'Alembert, 1717~1783)**の原理**といい，また $-m\ddot{\boldsymbol{r}}$ を**慣性抵抗**または**慣性力**という．質点系の場合でも同じことで(1.6)を

$$\boldsymbol{F}_i - m_i\ddot{\boldsymbol{r}}_i = 0 \quad (i=1, 2, \cdots, n) \tag{1.19}$$

と書けば，質点系はあたかも平衡状態にあるかのように考えてよい．ただし，$\ddot{\boldsymbol{r}}_i$ は一般に時間とともに変わっていくから，§2のように1つの平衡状態が持続するのではなく，いわば次々と変わった平衡状態が実現されていく．そこで，仮想仕事の原理を適用するさい，ある瞬間，すなわち $t=$ 一定 の場合を考えることにする．このようにして，(1.7)に対応し

$$\sum_i (\boldsymbol{F}_i - m_i\ddot{\boldsymbol{r}}_i) \cdot \delta\boldsymbol{r}_i = 0 \tag{1.20}$$

の関係が導かれる．

注目している質点系には

$$f_\nu(\boldsymbol{r}_1, \boldsymbol{r}_2, \cdots, \boldsymbol{r}_n) = 0 \quad (\nu=1, 2, \cdots, h) \tag{1.21}$$

の h 個の束縛条件が課せられているとする．ただし，束縛はすべてなめらかで，(1.21)を満たす仮想変位を与えたとき束縛力は仕事をしないと仮定する．なお，今の場合，$3n$ 個の変数に対して h

個の条件が加わるので，運動の自由度 f は $f=3n-h$ と表される．
(1.20)の $\delta \boldsymbol{r}_i$ が束縛条件を満たせば，上で述べたように束縛力は考えなくてよいから，$\boldsymbol{F}_i$ は i 番目の質点に働く，束縛力以外の力であるとしてよい．また，$\delta \boldsymbol{r}_i$ は(1.21)を満足するので

$$f_\nu(\boldsymbol{r}_1+\delta\boldsymbol{r}_1, \boldsymbol{r}_2+\delta\boldsymbol{r}_2, \cdots, \boldsymbol{r}_n+\delta\boldsymbol{r}_n)=0$$

となる．これを x, y, z 座標で書くと

$$f_\nu(x_1+\delta x_1, y_1+\delta y_1, z_1+\delta z_1, \cdots)=0$$

であるが，(1.10)と同様，上式を展開し高次の項を省略すると

$$\frac{\partial f_\nu}{\partial x_1}\delta x_1+\frac{\partial f_\nu}{\partial y_1}\delta y_1+\frac{\partial f_\nu}{\partial z_1}\delta z_1+\cdots=0$$

がえられる．ここで，記号を簡単にするため

$$\frac{\partial f}{\partial \boldsymbol{r}}\cdot\delta\boldsymbol{r}=\frac{\partial f}{\partial x}\delta x+\frac{\partial f}{\partial y}\delta y+\frac{\partial f}{\partial z}\delta z \tag{1.22}$$

と定義すれば

$$\sum_i \frac{\partial f_\nu}{\partial \boldsymbol{r}_i}\cdot\delta\boldsymbol{r}_i=0 \qquad (\nu=1,2,\cdots,h) \tag{1.23}$$

という h 個の関係がえられる．

(1.20)と(1.23)をとり扱うのに，§2と同様，ラグランジュの未定乗数法を利用する．今の場合，h 個の条件があるので，$\lambda_1, \lambda_2, \cdots, \lambda_h$ という h 個の未定乗数を導入する．そうして，(1.23)に λ_ν をかけ，ν に関して和をとり(1.20)に加える．その結果

$$\sum_i\left(\boldsymbol{F}_i-m_i\ddot{\boldsymbol{r}}_i+\sum_\nu \lambda_\nu\frac{\partial f_\nu}{\partial \boldsymbol{r}_i}\right)\cdot\delta\boldsymbol{r}_i=0 \tag{1.24}$$

がえられる．§2と同じような論法を用いると，(1.24)の $\delta\boldsymbol{r}_i$ の係数はすべて 0 であると考えてよい．すなわち

$$m_i\ddot{\boldsymbol{r}}_i=\boldsymbol{F}_i+\sum_\nu \lambda_\nu\frac{\partial f_\nu}{\partial \boldsymbol{r}_i} \qquad (i=1,2,\cdots,n) \tag{1.25}$$

という運動方程式がえられる．上式の右辺第2項は束縛条件のた

め現れる力,すなわち束縛力を表している.(1.25)は,以下の議論の出発点ともいうべき基本的な方程式である.なお,$\boldsymbol{r}_i$ と λ_ν とで全部で $3n+h$ 個の未知量があるが,これらは(1.25)の $3n$ 個の方程式と(1.21)の h 個の方程式とから決定される.

§4 ハミルトンの原理

(1.25)の運動方程式を解けば,$\boldsymbol{r}_i$ は t の関数として表される.これを

$$\boldsymbol{r}_i = \boldsymbol{r}_i(t) \qquad (i=1, 2, \cdots, n) \tag{1.26}$$

と書こう.$x_1, y_1, z_1, x_2, y_2, z_2, \cdots, x_n, y_n, z_n$ を $3n$ 次元空間の直交座標系における座標であると考えれば,これらを座標とする点は,時間がたつにつれ,ある曲線 C をえがきながら運動する.この曲線を質点系の**軌道**という.とくに $n=1$ の場合,すなわち1個の質点では,図1.4で示すように,この曲線 C は空間中で質点が実際にえがく軌道を表す.

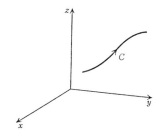

図1.4 質点のえがく軌道

質点系の運動エネルギー T は

$$T = \frac{1}{2} \sum_i m_i \dot{\boldsymbol{r}}_i{}^2 \tag{1.27}$$

で与えられる.これに(1.26)を代入すれば,T は t の関数となる.したがって,T を t_0 から t_1 まで時間に関して積分した

$$I = \int_{t_0}^{t_1} T \, dt \tag{1.28}$$

は，t_0, t_1 を固定すればある数値をもつ量となる．ここで，実際の軌道 C と違った $\bar{C}$ という軌道を考えてみよう．ただし，t_0 と t_1 においては両者の表す点は一致するものとする（図 1.5）．

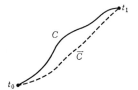

図 1.5 実際の軌道 C とそれからわずかにずれた軌道 $\bar{C}$

$\bar{C}$ の軌道は $\bar{\boldsymbol{r}}_i(t)$ という関数で表されるとし，$\bar{\boldsymbol{r}}_i(t)$ を

$$\bar{\boldsymbol{r}}_i(t) = \boldsymbol{r}_i(t) + \varepsilon \boldsymbol{u}_i(t) \tag{1.29}$$

と書く．ただし，$\boldsymbol{u}_i(t)$ は

$$\boldsymbol{u}_i(t_0) = \boldsymbol{u}_i(t_1) = 0 \tag{1.30}$$

を満たすとする．また，ε は十分小さな微小量であると考える．すなわち，$\bar{C}$ は C とそれほど変わらないと仮定する．(1.29) で $\varepsilon \boldsymbol{u}_i(t)$ は，実際の軌道からのずれを表す量で，これを $\boldsymbol{r}_i$ の変分という．以下，場合により，この変分を $\delta \boldsymbol{r}_i$ と書く．$\delta \boldsymbol{r}_i$ は仮想変位と同様な意味をもつ．

質点系が $\bar{C}$ の軌道に沿って運動すると，i 番目の質点の速度は (1.29) により

$$\dot{\bar{\boldsymbol{r}}}_i = \dot{\boldsymbol{r}}_i + \varepsilon \dot{\boldsymbol{u}}_i \tag{1.31}$$

となり，この場合の運動エネルギー $\bar{T}$ は

$$\bar{T} = \frac{1}{2} \sum_i m_i \dot{\bar{\boldsymbol{r}}}_i^2 \tag{1.32}$$

と表される．(1.31) を (1.32) に代入し，ε のオーダーの項は残し，ε^2 の項を無視すると

§4 ハミルトンの原理

$$\bar{T} = \frac{1}{2} \sum_i m_i (\dot{\boldsymbol{r}}_i{}^2 + 2\varepsilon \dot{\boldsymbol{r}}_i \cdot \dot{\boldsymbol{u}}_i)$$

であるから，(1.27)を使うと

$$\bar{T} = T + \varepsilon \sum_i m_i \dot{\boldsymbol{r}}_i \cdot \dot{\boldsymbol{u}}_i \tag{1.33}$$

と書ける．

ここで，(1.28)に対応して

$$\bar{I} = \int_{t_0}^{t_1} \bar{T}\, \mathrm{d}t \tag{1.34}$$

で$\bar{I}$を定義し，δIを

$$\delta I = \bar{I} - I \tag{1.35}$$

とすれば，(1.33)を用いて

$$\delta I = \varepsilon \int_{t_0}^{t_1} \sum_i m_i \dot{\boldsymbol{r}}_i \cdot \dot{\boldsymbol{u}}_i\, \mathrm{d}t \tag{1.36}$$

と表される．上式の積分に部分積分を適用すると

$$\delta I = \varepsilon \left\{ \left[\sum_i m_i \dot{\boldsymbol{r}}_i \cdot \boldsymbol{u}_i \right]_{t_0}^{t_1} - \int_{t_0}^{t_1} \sum_i m_i \ddot{\boldsymbol{r}}_i \cdot \boldsymbol{u}_i\, \mathrm{d}t \right\} \tag{1.37}$$

がえられる．(1.30)の条件を使うと，右辺の第1項は0となる．また，$m_i \ddot{\boldsymbol{r}}_i$に(1.25)の運動方程式を代入すると

$$\delta I = -\int_{t_0}^{t_1} \sum_i \left(\boldsymbol{F}_i + \sum_\nu \lambda_\nu \frac{\partial f_\nu}{\partial \boldsymbol{r}_i} \right) \cdot \delta \boldsymbol{r}_i\, \mathrm{d}t \tag{1.38}$$

となる．ただし，$\delta \boldsymbol{r}_i = \varepsilon \boldsymbol{u}_i$とおいた．

ここで，$\bar{\boldsymbol{r}}_i(t)$は(1.21)の束縛条件を満たすと仮定しよう．そうすると，(1.23)と同様に

$$\sum_i \frac{\partial f_\nu}{\partial \boldsymbol{r}_i} \cdot \delta \boldsymbol{r}_i = 0 \tag{1.39}$$

と表され，したがって(1.38)は

$$\delta I = -\int_{t_0}^{t_1} \sum_i \boldsymbol{F}_i \cdot \delta \boldsymbol{r}_i\, \mathrm{d}t \tag{1.40}$$

となる．あるいは，上式は

$$\delta \int_{t_0}^{t_1} T \, dt + \int_{t_0}^{t_1} \sum_i \boldsymbol{F}_i \cdot \delta \boldsymbol{r}_i \, dt = 0 \qquad (1.41)$$

と書くこともできる．

(1.41)の左辺第2項は，実際の軌道 C から仮想的な $\bar{C}$ という軌道へ質点系を移すさい，力のする仕事である．この仕事を W とすれば

$$W = \sum_i \boldsymbol{F}_i \cdot \delta \boldsymbol{r}_i \qquad (1.42)$$

であるから，(1.41)は

$$\delta \int_{t_0}^{t_1} T \, dt + \int_{t_0}^{t_1} W \, dt = 0 \qquad (1.43)$$

と表される．この関係をハミルトン(W. R. Hamilton, 1805～1865)の原理という．

(1) ハミルトンの原理と運動方程式

以上，運動方程式を用いて(1.43)のハミルトンの原理を導いたが，逆にハミルトンの原理から運動方程式を導くこともできる．これを示すため，(1.43)の左辺第1項を考え，(1.34)から(1.37)に至る手続きをくり返すと

$$\delta \int_{t_0}^{t_1} T \, dt = \delta I = -\int_{t_0}^{t_1} \sum_i m_i \ddot{\boldsymbol{r}}_i \cdot \delta \boldsymbol{r}_i \, dt \qquad (1.44)$$

がえられる．したがって，ハミルトンの原理は(1.42)を用いると

$$\int_{t_0}^{t_1} (\sum_i m_i \ddot{\boldsymbol{r}}_i - \boldsymbol{F}_i) \cdot \delta \boldsymbol{r}_i \, dt = 0 \qquad (1.45)$$

と表される．ここで，$\boldsymbol{r}_i$ の変分 $\delta \boldsymbol{r}_i$ はこれまでと同様，束縛条件を満たすと仮定すれば，(1.39)が成り立つ．したがって，ラグランジュの未定乗数法を利用すると

§4 ハミルトンの原理

$$\int_{t_0}^{t_1} \sum_i \left(m_i \ddot{\boldsymbol{r}}_i - \boldsymbol{F}_i - \sum_\nu \lambda_\nu \frac{\partial f_\nu}{\partial \boldsymbol{r}_i} \right) \cdot \delta \boldsymbol{r}_i \, \mathrm{d}t = 0 \qquad (1.46)$$

となり，$\delta \boldsymbol{r}_i$ の係数を 0 とおけば(1.25)の運動方程式がえられる．

以上の議論からわかるように，運動方程式からハミルトンの原理が，逆にハミルトンの原理から運動方程式が導かれ，したがってこの両者は数学的に同等である．このため，力学の問題をとり扱うとき，運動方程式を用いてもよいし，ハミルトンの原理を適用してもよい．以下の議論では，ハミルトンの原理を用いて解析力学の話を続けていく．

(2) 最小作用の原理

とくに，力がポテンシャルから導かれる場合，ハミルトンの原理は簡単な形に表現される．いま，i 番目の質点に働く力 $\boldsymbol{F}_i$ がポテンシャル $U(\boldsymbol{r}_1, \boldsymbol{r}_2, \cdots, \boldsymbol{r}_n)$ により

$$\boldsymbol{F}_i = -\frac{\partial U}{\partial \boldsymbol{r}_i} \qquad (1.47)$$

で与えられるとする．(1.47)を(1.42)に代入すると

$$W = \sum_i \boldsymbol{F}_i \cdot \delta \boldsymbol{r}_i = -\sum_i \frac{\partial U}{\partial \boldsymbol{r}_i} \cdot \delta \boldsymbol{r}_i \qquad (1.48)$$

である．(1.48)を使うと(1.41)の左辺第2項は

$$\int_{t_0}^{t_1} W \, \mathrm{d}t = -\int_{t_0}^{t_1} \sum_i \frac{\partial U}{\partial \boldsymbol{r}_i} \cdot \delta \boldsymbol{r}_i \, \mathrm{d}t \qquad (1.49)$$

と表される．ここで次の積分

$$\int_{t_0}^{t_1} U \, \mathrm{d}t \qquad (1.50)$$

を考え，$\boldsymbol{r}_i \rightarrow \boldsymbol{r}_i + \delta \boldsymbol{r}_i$ の変化に伴う(1.50)の変化分をこれまでと同様

$$\delta \int_{t_0}^{t_1} U \, \mathrm{d}t \qquad (1.51)$$

と書くことにする.(1.51)は

$$U(\bm{r}_1+\delta\bm{r}_1, \bm{r}_2+\delta\bm{r}_2, \cdots, \bm{r}_n+\delta\bm{r}_n) - U(\bm{r}_1, \bm{r}_2, \cdots, \bm{r}_n)$$
$$= \sum_i \frac{\partial U}{\partial \bm{r}_i} \cdot \delta\bm{r}_i$$

の関係を用いると

$$\delta \int_{t_0}^{t_1} U \, dt = \int_{t_0}^{t_1} \sum_i \frac{\partial U}{\partial \bm{r}_i} \cdot \delta\bm{r}_i \, dt \tag{1.52}$$

となる.したがって,(1.49),(1.52)から(1.43)は

$$\delta \int_{t_0}^{t_1} (T-U) \, dt = 0 \tag{1.53}$$

と表される.

　一般に,運動エネルギー T から位置エネルギー U をひいたものを**ラグランジアン**(Lagrangian)といい,ふつうこれを L と書く.すなわち

$$L = T - U \tag{1.54}$$

とする.この定義を使うと,(1.53)は

$$\delta \int_{t_0}^{t_1} L \, dt = 0 \tag{1.55}$$

と書ける.上式に現れる積分,すなわち

$$S = \int_{t_0}^{t_1} L \, dt \tag{1.56}$$

を**作用**(action)という.(1.55)からわかるように,実際の運動に対しては,運動の様子を仮想的に少し変えても作用の値には1次の変化がない.これを**最小作用の原理**(principle of least action)という.最小という言葉がつくのは,作用が単に極値をとるだけでなく,実際の運動に対して最小値をとることが知られているためである.

§5 ラグランジュの方程式

(1) 一般化座標

これまで質点の位置を決めるのに，直交座標 (x, y, z) を用いてきた．しかし，これが位置を指定するただ1つの方法というわけではない．例えば，x, y, z を他の変数 q_1, q_2, q_3 の関数として表し

$$x = x(q_1, q_2, q_3), \quad y = y(q_1, q_2, q_3), \quad z = z(q_1, q_2, q_3) \tag{1.57}$$

と書けるとしよう．もし，x, y, z と q_1, q_2, q_3 との対応が一対一であるならば，すなわち，x, y, z の1組が決まったとき q_1, q_2, q_3 の1組が一義的に決まり，逆に，q_1, q_2, q_3 の1組が決まったとき x, y, z の1組が一義的に決まるならば，質点の位置は q_1, q_2, q_3 で与えられると考えてよい．このような q_1, q_2, q_3 のことを**一般化座標**という．

1例として，3次元空間における**極座標**を考えてみよう．この座標では，図1.6に示すように，空間中の1点Pを決めるのに，動径方向の長さ r，天頂角 θ，方位角 φ を変数にとる．x, y, z 座標との関係は

$$x = r\sin\theta\cos\varphi, \quad y = r\sin\theta\sin\varphi, \quad z = r\cos\theta \tag{1.58}$$

で与えられる．Pの位置が時間とともに変わる場合には，r, θ, φ

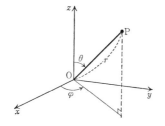

図**1.6** 3次元空間における極座標

も時間とともに変化する．このときのPの速度成分は，(1.58)を時間で微分し

$$\dot{x} = \dot{r}\sin\theta\cos\varphi + r\cos\theta\cos\varphi\cdot\dot{\theta} - r\sin\theta\sin\varphi\cdot\dot{\varphi}$$
$$\dot{y} = \dot{r}\sin\theta\sin\varphi + r\cos\theta\sin\varphi\cdot\dot{\theta} + r\sin\theta\cos\varphi\cdot\dot{\varphi} \quad (1.59)$$
$$\dot{z} = \dot{r}\cos\theta - r\sin\theta\cdot\dot{\theta}$$

と表される．一般に，(1.57)のように x, y, z を表したとき，$\dot{x}, \dot{y}, \dot{z}$ は $q_1, q_2, q_3, \dot{q}_1, \dot{q}_2, \dot{q}_3$ の関数となる．したがって，質点の運動エネルギーも同じように $q_1, q_2, q_3, \dot{q}_1, \dot{q}_2, \dot{q}_3$ の関数となる．

(2) ラグランジュの方程式

§4で述べた最小作用の原理を利用すると，ニュートンの運動方程式を一般化した方程式が導かれる．この方程式は一般化座標を用いてもよいこと，束縛力を考慮する必要がないことなどの利点をもっている．以下，力はポテンシャルから導かれるとして，この方程式について論じていく．

いま，n 個の質点を含む質点系を考え，これには h 個の束縛条件が課せられているとする．この場合の運動の自由度 f は $f=3n-h$ である．したがって，体系の位置を決めるには f 個の座標を用いればよい．この座標として適当な一般化座標をとり，それらを $q_1, q_2, \cdots, q_f$ とする．ラグランジアン L はポテンシャルだけでなく運動エネルギーを含んでいるから，座標と同時に速度の関数でもある．このため，(1)の終わりでも触れたように，一般に L は $q_1, q_2, \cdots, q_f, \dot{q}_1, \dot{q}_2, \cdots, \dot{q}_f$ の関数となる．これを

$$L = L(q_1, q_2, \cdots, q_f, \dot{q}_1, \dot{q}_2, \cdots, \dot{q}_f) \quad (1.60)$$

と書こう．

(1.55)により

$$\delta \int_{t_0}^{t_1} L\,dt = 0 \quad (1.61)$$

§5 ラグランジュの方程式

が成り立つ. q_r に対する変分を δq_r とすれば

$$L(q_1+\delta q_1, \cdots, q_f+\delta q_f, \dot{q}_1+\delta \dot{q}_1, \cdots, \dot{q}_f+\delta \dot{q}_f)$$
$$= L(q_1, \cdots, q_f, \dot{q}_1, \cdots, \dot{q}_f) + \sum_r \left(\frac{\partial L}{\partial q_r}\delta q_r + \frac{\partial L}{\partial \dot{q}_r}\delta \dot{q}_r\right) + \cdots$$

と表され, (1.61)から

$$\int_{t_0}^{t_1} \sum_r \left(\frac{\partial L}{\partial q_r}\delta q_r + \frac{\partial L}{\partial \dot{q}_r}\delta \dot{q}_r\right) \mathrm{d}t = 0 \qquad (1.62)$$

がえられる. $q_r+\delta q_r$ を $\bar{q}_r$ とすれば

$$\delta \dot{q}_r = \frac{\mathrm{d}\bar{q}_r}{\mathrm{d}t} - \frac{\mathrm{d}q_r}{\mathrm{d}t} = \frac{\mathrm{d}}{\mathrm{d}t}(\bar{q}_r - q_r) = \frac{\mathrm{d}}{\mathrm{d}t}\delta q_r$$

が成り立つ. よって, (1.62)の左辺第2項に部分積分を適用すると

$$\left[\sum_r \frac{\partial L}{\partial \dot{q}_r}\delta q_r\right]_{t_0}^{t_1} + \int_{t_0}^{t_1} \sum_r \left\{\frac{\partial L}{\partial q_r} - \frac{\mathrm{d}}{\mathrm{d}t}\left(\frac{\partial L}{\partial \dot{q}_r}\right)\right\}\delta q_r \, \mathrm{d}t = 0$$

となる. t_0 と t_1 とでは変分は0であるから, 上式の第1項は0である. また, $\delta q_1, \delta q_2, \cdots, \delta q_f$ の変分は互いに独立に勝手に変えられるので, 上式が成立するためには{ }内の量が0にならないといけない. こうして

$$\frac{\mathrm{d}}{\mathrm{d}t}\left(\frac{\partial L}{\partial \dot{q}_r}\right) - \frac{\partial L}{\partial q_r} = 0 \qquad (r=1, 2, \cdots, f) \qquad (1.63)$$

が導かれる. これを**ラグランジュの方程式**という.

簡単な例として, 質量 m の質点が $U(x, y, z)$ というポテンシャルの作用下で運動する場合を考えよう. 一般化座標として, 直交座標 x, y, z をとると, L は

$$L = \frac{1}{2}m(\dot{x}^2 + \dot{y}^2 + \dot{z}^2) - U(x, y, z) \qquad (1.64)$$

で与えられる. L を $\dot{x}$ で偏微分するということは, $\dot{y}, \dot{z}, x, y, z$ を一定にして $\dot{x}$ で微分することを意味する. よって, (1.64)から

$$\frac{\partial L}{\partial \dot{x}} = m\dot{x} \tag{1.65}$$

となり,また同様にして

$$\frac{\partial L}{\partial x} = -\frac{\partial U}{\partial x} = X \tag{1.66}$$

がえられる.ただし,X は質点に働く力 $\boldsymbol{F}$ の x 成分である.
(1.65), (1.66) を使うとラグランジュの方程式

$$\frac{\mathrm{d}}{\mathrm{d}t}\left(\frac{\partial L}{\partial \dot{x}}\right) - \frac{\partial L}{\partial x} = 0$$

から

$$m\ddot{x} = X$$

となる.y, z 方向についても同様で,結局

$$m\ddot{\boldsymbol{r}} = \boldsymbol{F}$$

のニュートンの方程式がえられる.

以上の例では,ラグランジュの方程式はニュートンの方程式そのものを表すが,一般的にいうと,前者は後者より便利な点が多い.すなわち,自由度に等しいだけの変数,いわば必要にしてかつ十分な変数だけを用いればよいこと,問題に応じてもっとも便利な一般化座標を使えることなどである.具体的な例については演習問題 1.1, 1.2 を参照せよ.

§6 ハミルトンの正準方程式

一般に,ラグランジュの方程式は f 個の q_r に対する 2 階の連立微分方程式である.しかし,変数の数を増やすことによって,これを 1 階の連立微分方程式に変換することができる.このような変換は,実際の計算をやさしくするわけではないが,古典力学と量子力学との関連を理解する上で 1 つの重要な手がかりを与え

る.

(1) 一般化運動量

まず，最初に

$$\dot{q}_r = v_r \tag{1.67}$$

とおくことにしよう．v_r は一般化された速度と考えることができる．この v_r を用いると，ラグランジュの方程式は

$$\frac{\mathrm{d}}{\mathrm{d}t}\left(\frac{\partial L}{\partial v_r}\right) - \frac{\partial L}{\partial q_r} = 0 \qquad (r=1, 2, \cdots, f) \tag{1.68}$$

と書ける．また，p_r を

$$p_r = \frac{\partial L}{\partial v_r} = \frac{\partial L}{\partial \dot{q}_r} \tag{1.69}$$

で定義し，この p_r を q_r に共役な**一般化運動量**という．(1.65) からわかるように，直交座標を用いると，(1.69) で定義される量は，通常の意味での運動量 $\boldsymbol{p} = m\dot{\boldsymbol{r}}$ と一致する．

(1.68), (1.69) から

$$\frac{\mathrm{d}p_r}{\mathrm{d}t} = \frac{\partial L}{\partial q_r} \tag{1.70}$$

がえられる．ところで，L は $q_1, q_2, \cdots, q_f, \dot{q}_1, \dot{q}_2, \cdots, \dot{q}_f$ の関数であるが，われわれは変数として $q_1, q_2, \cdots, q_f, p_1, p_2, \cdots, p_f$ をとりたいので変数の変換を行う必要がある．このため，(1.69) から逆に v_r を $q_1, q_2, \cdots, q_f, p_1, p_2, \cdots, p_f$ の関数として解いたと考え，これを

$$v_r = v_r(q, p) \tag{1.71}$$

と表す．ただし，記号を簡単にするため，$q_1, q_2, \cdots, q_f$ をまとめて q，また $p_1, p_2, \cdots, p_f$ をまとめて p と書いた．同様な書き方を使うと，$L = L(q, v)$ となり，したがって (1.71) を代入すると

$$L = L(q, v(q, p)) \tag{1.72}$$

と表される.

(2) ハミルトンの正準方程式

変数 q,p に対する方程式を導くため, q_r, p_r に微小変化 $\delta q_r, \delta p_r$ を与えたとする. このとき, v_r は δv_r の微小変化, また L は δL の微小変化を受けるものと考える. そうすると

$$\delta L = \sum_r \left(\frac{\partial L}{\partial q_r}\delta q_r + \frac{\partial L}{\partial v_r}\delta v_r\right)$$

となり, (1.67), (1.69), (1.70) を用いて

$$\delta L = \sum_r (\dot{p}_r \delta q_r + p_r \delta \dot{q}_r) \tag{1.73}$$

がえられる. (1.73) を変形すると

$$\delta L = \delta(\sum_r p_r \dot{q}_r) + \sum_r (\dot{p}_r \delta q_r - \dot{q}_r \delta p_r)$$

$$\therefore \ \delta(\sum_r p_r \dot{q}_r - L) = \sum_r (\dot{q}_r \delta p_r - \dot{p}_r \delta q_r) \tag{1.74}$$

と表される.

(1.74) で

$$H(q,p) = \sum_r p_r \dot{q}_r - L \tag{1.75}$$

とおく. すなわち, $\sum_r p_r \dot{q}_r - L$ を $q_1, q_2, \cdots, q_f, p_1, p_2, \cdots, p_f$ の関数として表したものを $H(q,p)$ とするのである. そうすると, (1.74) は

$$\delta H = \sum_r (\dot{q}_r \delta p_r - \dot{p}_r \delta q_r) \tag{1.76}$$

と書ける. あるいは

$$\delta H = \sum_r \left(\frac{\partial H}{\partial q_r}\delta q_r + \frac{\partial H}{\partial p_r}\delta p_r\right) \tag{1.77}$$

に注意し, (1.76), (1.77) の $\delta p_r, \delta q_r$ の係数を比較すると

$$\frac{dq_r}{dt} = \frac{\partial H}{\partial p_r}, \quad \frac{dp_r}{dt} = -\frac{\partial H}{\partial q_r} \tag{1.78}$$

の q_r, p_r に対する運動方程式がえられる．これを**ハミルトンの正準方程式**，また，$H=H(q,p)$ を**ハミルトニアン**(Hamiltonian)，q_r, p_r を**正準変数**という．

ここで，ハミルトニアンの物理的な意味を考えてみよう．n 個の質点から成り立つ質点系を考え，それらの質点の直交座標 $x_1, y_1, z_1, x_2, y_2, z_2, \cdots, x_n, y_n, z_n$ を便宜上，通し番号にして $x_1, x_2, x_3, x_4, x_5, x_6, \cdots, x_{3n-2}, x_{3n-1}, x_{3n}$ と書くことにする．また，$m_1=m_2=m_3$ が1番目の質点の質量，$m_4=m_5=m_6$ が2番目の質点の質量，…といった具合に各質点の質量を表す．このような記号を用いたとき，x_j は一般化座標 $q_1, q_2, \cdots, q_f$ の関数として

$$x_j = x_j(q_1, q_2, \cdots, q_f) \qquad (j=1,2,\cdots,3n) \qquad (1.79)$$

で与えられるとする．(1.79)から

$$\dot{x}_j = \sum_s \frac{\partial x_j}{\partial q_s} \dot{q}_s \qquad (1.80)$$

となり，したがって質点系の運動エネルギー T は

$$T = \frac{1}{2}\sum_{j=1}^{3n} m_j \dot{x}_j{}^2 = \frac{1}{2}\sum_{s,t,j} m_j \frac{\partial x_j}{\partial q_s}\frac{\partial x_j}{\partial q_t}\dot{q}_s\dot{q}_t \qquad (1.81)$$

と表される．あるいは

$$a_{st} = \sum_j m_j \frac{\partial x_j}{\partial q_s}\frac{\partial x_j}{\partial q_t} \qquad (1.82)$$

と定義すれば，T は

$$T = \frac{1}{2}\sum_{s,t} a_{st}\dot{q}_s\dot{q}_t \qquad (1.83)$$

という2次形式で表現される．(1.82)の定義から明らかなように，a_{st} は $q_1, q_2, \cdots, q_f$ だけの関数であり，$\dot{q}_1, \dot{q}_2, \cdots, \dot{q}_f$ には依存しない．また，対称性

$$a_{st} = a_{ts} \qquad (1.84)$$

が成立する．

(1.83)から

$$p_r = \frac{\partial L}{\partial \dot{q}_r} = \frac{\partial T}{\partial \dot{q}_r} = \sum_s a_{rs}\dot{q}_s \tag{1.85}$$

がえられ，この式を使うと

$$\sum_r p_r \dot{q}_r = \sum_{r,s} a_{rs}\dot{q}_r\dot{q}_s = 2T \tag{1.86}$$

となる．したがって，上式を(1.75)に代入し

$$H = 2T - L = 2T - (T-U) = T+U \tag{1.87}$$

と表される．すなわち，ハミルトニアンは，考えている体系の力学的エネルギー $T+U$ を正準変数 q, p で表したものである．

例題　1次元調和振動子

一直線上を運動する質点に，ある点Oからの距離に比例し，つねにその点に向かうような力が働くとき，この力を**復元力**という．質点に復元力が働くと，その質点は点Oを中心として単振動を行う．また，このような体系を**1次元調和振動子**という．これは，古典力学だけでなく量子力学においても重要な役割を演じる．

図1.7のように，直線に沿って x 軸をとり，点Oを原点に選んで，復元力 F を便宜上

$$F = -m\omega^2 x \tag{1.88}$$

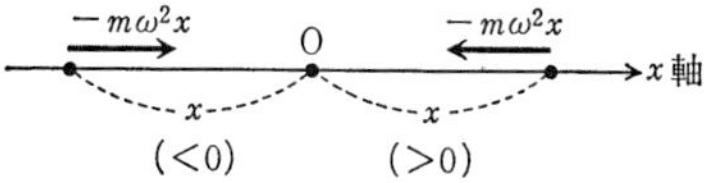

図1.7　1次元調和振動子

と表す．ただし，m は質点の質量である．$x>0$ だと $F<0$，$x<0$ だと $F>0$ となり，(1.88)で与えられる力はつねに原点Oを向くことがわかる．

(1.88)の力を与えるポテンシャル $U(x)$ は

§6 ハミルトンの正準方程式

$$U(x) = \frac{1}{2} m\omega^2 x^2 \tag{1.89}$$

と表される.すなわち,これから力 F を求めると

$$F = -\frac{dU(x)}{dx} = -m\omega^2 x$$

となり,(1.88)と一致する.体系の運動エネルギー T は $T = m\dot{x}^2/2$ であるが,運動量 p は $p = m\dot{x}$ と書けるので,T を p で表すと $T = p^2/2m$ となる.したがって,ハミルトニアンは

$$H = \frac{p^2}{2m} + \frac{m\omega^2 x^2}{2} \tag{1.90}$$

で与えられる.

(1.78)により,ハミルトンの正準方程式は

$$\frac{dx}{dt} = \frac{\partial H}{\partial p} = \frac{p}{m}, \qquad \frac{dp}{dt} = -\frac{\partial H}{\partial x} = -m\omega^2 x \tag{1.91}$$

と表される.上式の左の関係は $p = m\dot{x}$ という運動量の定義式を再現する.また,これを右側の関係に代入すると

$$m\ddot{x} = -m\omega^2 x \tag{1.92}$$

のニュートンの運動方程式がえられる.(1.92)の解は単振動を表し

$$x = A\sin(\omega t + \alpha) \tag{1.93}$$

と表される.A, α はそれぞれ適当な初期条件から決まる定数で,A を**振幅**,α を**初期位相**という.また,ω は**角振動数**で,単振動の**振動数**を ν とすれば,ω と ν との間には

$$\omega = 2\pi\nu \tag{1.94}$$

の関係がある.

力学的エネルギー保存の法則によると,H は時間によらない一定値をとる(この1つの証明は次の(3)で述べる).(1.90)により,上の一定値を E とすれば

$$\frac{p^2}{2m}+\frac{m\omega^2 x^2}{2}=E$$

$$\therefore \ \frac{p^2}{2mE}+\frac{x^2}{2E/m\omega^2}=1 \tag{1.95}$$

が成り立つ．この関係をxp平面上でえがくと図1.8のようなだ円で表される．$p>0$だと$\dot{x}>0$, $p<0$だと$\dot{x}<0$であるから，xp平面上の点は図の矢印のような運動を行う．一般に，$q_1, q_2, \cdots, q_f, p_1, p_2, \cdots, p_f$を直交座標とするような$2f$次元の空間を**位相空間**という．位相空間中の1点を決めれば，注目している力学系の運動状態(座標と運動量)が完全に指定されたことになる．第2章で述べる前期量子論の量子条件においても，位相空間という概念が使われる．

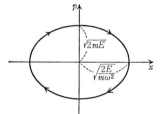

図1.8 xp平面上の1次元調和振動子

(3) ポアッソンのかっこ式

いま，uとvとが$q_1, q_2, \cdots, q_f, p_1, p_2, \cdots, p_f$の任意の関数であるとする．このとき

$$(u,v)=\sum_r\left(\frac{\partial u}{\partial q_r}\frac{\partial v}{\partial p_r}-\frac{\partial u}{\partial p_r}\frac{\partial v}{\partial q_r}\right) \tag{1.96}$$

と定義し，これを**ポアッソン**(S. Poisson, 1781〜1840)**のかっこ式**という．定義から明らかなように

$$(u,v)=-(v,u) \tag{1.97}$$

が成り立つ．したがって，

§6 ハミルトンの正準方程式

$$(u, u) = 0 \tag{1.98}$$

である.また,c_1, c_2 を定数とすると

$$(u, c_1 v + c_2 w) = c_1(u, v) + c_2(u, w) \tag{1.99}$$

と表される.さらに

$$(p_r, p_s) = 0, \quad (q_r, q_s) = 0, \quad (q_r, p_s) = \delta_{rs} \tag{1.100}$$

が導かれる.ただし,δ_{rs} は

$$\delta_{rs} = \begin{cases} 1 & (r=s) \\ 0 & (r \neq s) \end{cases} \tag{1.101}$$

の**クロネッカー**(L. Kronecker, 1823~1891)**記号**を意味する.
(1.100) の証明については演習問題 1.4 を参照せよ.

ある Q という量が $q_1, q_2, \cdots, q_f, p_1, p_2, \cdots, p_f$ の関数であるとし,これを

$$Q = Q(q_1, q_2, \cdots, q_f, p_1, p_2, \cdots, p_f) \tag{1.102}$$

と表す.上式を時間 t で微分すると

$$\frac{dQ}{dt} = \sum_r \left(\frac{\partial Q}{\partial q_r} \frac{dq_r}{dt} + \frac{\partial Q}{\partial p_r} \frac{dp_r}{dt} \right)$$

となる.これに (1.78) を代入すると

$$\frac{dQ}{dt} = \sum_r \left(\frac{\partial Q}{\partial q_r} \frac{\partial H}{\partial p_r} - \frac{\partial Q}{\partial p_r} \frac{\partial H}{\partial q_r} \right)$$

がえられ,(1.96) の定義式を用いると

$$\frac{dQ}{dt} = (Q, H) \tag{1.103}$$

と表される.上式は,力学におけるもっとも一般的な運動方程式であると考えられる.例えば,Q としてハミルトニアン自身をとると,(1.98) の関係により

$$\frac{dH}{dt} = (H, H) = 0 \tag{1.104}$$

となって,H が時間によらない一定値であるという**力学的エネ**

ルギー保存の法則が導かれる．第4章で論ずるように，(1.100)，(1.103)は古典力学と量子力学とを対比する場合によく用いられる関係である．

演 習 問 題

1.1 なめらかな斜面上を落下する質点がある．ラグランジュの方程式を用いてこの質点の運動を論ぜよ．

1.2 単振り子の運動に対するラグランジュの方程式を導け．

1.3 1次元調和振動子の場合，位相空間における軌道が囲む面積はいくらか．

1.4 ポアッソンのかっこ式に対して
$$(p_r, p_s) = 0, \quad (q_r, q_s) = 0, \quad (q_r, p_s) = \delta_{rs}$$
の成り立つことを示せ．

第2章 量子力学が生まれるまで

§1 古典物理学の破綻

19世紀の末頃まで,すべての物理現象は,**ニュートン力学とマクスウェル**(J.C. Maxwell, 1831~1879)**の電磁気学**とで説明できると信じられていた.しかし,19世紀末から20世紀はじめにかけて,低温技術の発展,測定方法の進歩などにともない,このような古典物理学ではどうしても説明できないような現象が次々と発見された.ここでは,代表的な例として,固体の比熱,光電効果の2つをとりあげ,古典物理学の矛盾をみるとともに,量子力学への糸口をさぐることにしよう.

(1) 固体の比熱

ある物体の温度を1度(K)だけ上げるのに必要な熱量を,その物体の**熱容量**という.とくに,1グラム(g)の物体の熱容量は**比熱**とよばれ,その値は物体の種類によって決まる.逆にいうと,比熱はその物質に固有な物理量であり,このため比熱の研究は物性物理学の分野で重要な課題になっている.よく知られているように,1gの水の温度を1Kだけ上げるのに必要な熱量は1カロリー(cal)である.すなわち,水の比熱は1 cal/g·Kということになる.

熱力学の第1法則によると,圧力pのもとにある物体に$d'Q$の熱量を加えたとき,体積がdVだけ増加したとすれば,その体系の内部エネルギーの増加分dUは

$$dU = d'Q - p\,dV \qquad (2.1)$$

で与えられる.したがって,体積が一定の場合には,$dU = d'Q$と

なり，体系に加えられた熱量はそのまま内部エネルギーを高めるのに使われる．ところで，内部エネルギーとは，その物体中に含まれる力学的エネルギーで，ミクロな観点からいうと，物体を構成する原子，分子のもつ力学的エネルギーである．とくに，固体の場合，固体分子は整然とした結晶構造を構成するが，これらの固体分子は格子点上にじっと静止しているのではなく，平衡点を中心として振動を行っている(図2.1)．この振動を**格子振動**という．固体のもつ内部エネルギーの一部は，格子振動の力学的エネルギーから由来する．

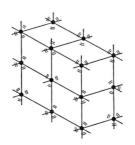

図2.1 格子振動

格子振動に対するもっとも簡単な模型は，各固体分子は互いに独立に同一の振動数で単振動すると考えることで，これを**アインシュタイン**(A. Einstein, 1879〜1955)**模型**という．注目している結晶中に N 個の固体分子が含まれているとすれば，各分子は空間中で3方向に運動できるので，結局，全体では運動の自由度は $3N$ となる．このため，アインシュタイン模型は，互いに独立な，$3N$ 個の1次元調和振動子の集合と同等になる．古典力学に立脚した古典統計力学によると，運動エネルギーの平均値は1つの自由度あたり $k_BT/2$ で与えられる．ただし，k_B は**ボルツマン**(L. Boltzmann, 1844〜1906)**定数**で，その数値は

§1 古典物理学の破綻

$$k_\mathrm{B} = 1.38 \times 10^{-23} \,\mathrm{J/K} \tag{2.2}$$

である.また,T は絶対温度である.このことは,(1.90)のハミルトニアンを考えたとき,$p^2/2m$ の平均値が $k_\mathrm{B}T/2$ であることを意味している.同じように,同式第2項の平均値も $k_\mathrm{B}T/2$ となり,結局,1次元調和振動子の力学的エネルギーの平均値は,両者の和をとり,$k_\mathrm{B}T$ で与えられる.したがって,アインシュタイン模型の内部エネルギー U は,この値を $3N$ 倍し

$$U = 3Nk_\mathrm{B}T \tag{2.3}$$

となる.

とくに1モルの固体を考えると,その中には**モル分子数**に等しいだけの固体分子が含まれている.ボルツマン定数とモル分子数との積は,**気体定数** R に等しい.したがって,アインシュタイン模型によると,1モルの固体がもつ内部エネルギーは

$$U = 3RT \tag{2.4}$$

と表される.1モルの物体の熱容量を**分子熱**という.体積一定という条件下の分子熱を C_v と書けば,(2.4)を T で微分し

$$C_v = 3R = 6 \,\mathrm{cal/mol \cdot K} \tag{2.5}$$

がえられる.すなわち,分子熱は温度によらない一定の値をもつ.この結果は,**デュロン-プティ**(Dulong-Petit)**の法則**とよばれ,常温近傍では実験事実とよく一致する.しかし,低温になると,実験結果はこの法則から大きくずれてくる.図2.2に銅の C_v に対する実測値を T の関数として概略的に示してある.例えば,0°C では C_v=5.98 cal/mol·K であるが,20 K では C_v=0.11 cal/mol·K に減ってしまい,C_v は $T \to 0$ で $C_v \to 0$ という挙動を示す.

このように,古典的な理論では低温における固体の比熱を説明することができない.あるいは,アインシュタイン模型という考え方が単純過ぎるのではないか,という反論が出るかもしれない.

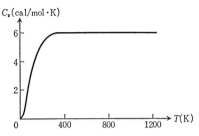

図2.2 銅の C_v と絶対温度との関係

しかし,この模型を改良した**デバイ**(P. J. W. Debye, 1884〜1966)**模型**においても事情は本質的に同じである.デバイ模型では,固体中を伝わる音波により格子振動が起こると考えるが,古典的な取扱いを行うと,やはり C_v は温度に無関係で $3R$ に等しいという結果になる.このような固体の比熱の問題は,模型の良否という簡単なものでなく,古典物理学のもつ根源的な欠陥と深いかかわりをもっているのである.

話はやや前後するが,アインシュタインが格子振動の模型を導入した理由は,上述の比熱の問題を解決するためであった.かれはプランク(M. Planck, 1858〜1947)が1900年に提唱した量子仮説を格子振動に適用し,比熱の低温における振舞いを定性的に説明することに成功した.プランクの量子仮説については次の(2)で触れるが,デバイ模型に量子力学を適用し,この模型中に含まれるパラメーターを適当に選ぶと,理論と実験とはほとんどぴったりといってもよいくらい見事な一致を示す.ただし,これらの詳細を論ずるのは本書の範囲を越えると思われるので,これ以上は深く立入らないことにする.

(2) 光電効果

電磁気学の基礎方程式を完成させたマクスウェルは,かれの理論の必然的な結果として電磁波の存在を予言し,その速さが光速

に等しいことから,光は電磁波であると結論した.1887年から翌年にかけてヘルツ(H. R. Hertz, 1857〜1894)は,電磁波の存在を実験的に証明したが,皮肉なことに,この実験中,かれは光電効果のはしりともいうべき現象を同時に発見した.光電効果の発見は,なんと光の波動説を否定するという結末をもたらしたのである.

光電効果とは,紫外線,可視光線,赤外線などの電磁波が金属の表面に当たったとき,その表面から電子が飛び出す現象をいう(図2.3).また,飛び出した電子を**光電子**という.カメラの自動露出計とか太陽電池などは光電効果を応用した装置である.

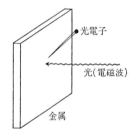

図2.3 光電効果の概念図

ところで,金属の表面に当てる光の振動数や強さを変えて光電効果を調べると,次のような性質のあることがわかる.

(i) 光電効果が起こるためには,金属に当てる光の振動数 ν がその金属に特有な振動数 ν_0 より大きくなければならない.この ν_0 を**光電限界振動数**という.$\nu<\nu_0$ だと,どんなに強い光を当てても光電効果が起こらない.逆に,$\nu>\nu_0$ だと,どんなに弱い光でも,光を当てた瞬間に電子が飛び出る.

(ii) 飛び出した光電子のエネルギー E は,光の強さには無関係で,光の振動数だけで決まる.$\nu<\nu_0$ では光電効果は起こらないので $E=0$ であるが,$\nu>\nu_0$ のとき E と ν との関係は

$$E = h\nu - h\nu_0 \qquad (2.6)$$

で与えられる(図2.4)．ここで，h は金属の種類などによらない定数で，MKS単位系では

$$h = 6.63 \times 10^{-34} \, \text{J·s} \qquad (2.7)$$

となる．この h を**プランク定数**という．プランク定数は，量子力学におけるきわめて重要な物理定数である．

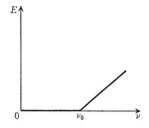

図2.4 E と ν との関係

(iii) 光の強さを大きくすると，飛び出す光電子の数がふえる．しかし，個々の電子のエネルギーは変わらない．

(2.6)で $h\nu_0$ を W とおくと，W は金属の種類によって決まる量となる．W をその金属の**仕事関数**という．仕事関数は通常，電子ボルト(eV)の単位で表される．1 eVは電子が電位差1 Vで加速されたときにうるエネルギーで

$$1 \, \text{eV} = 1.60 \times 10^{-19} \, \text{J} \qquad (2.8)$$

の関係が成り立つ．例えば，セシウムの仕事関数は 1.38 eV でこれをジュール(J)に換算すると 2.21×10^{-19} J となる．セシウムに 5000 Å の波長をもつ光を当てたときを考えると，この光の振動数 ν は $\nu = 6.00 \times 10^{14}$ Hz であるから，飛び出す光電子のエネルギーは(2.6)により

$$\begin{aligned} E &= 6.63 \times 10^{-34} \times 6.00 \times 10^{14} \, \text{J} - 2.21 \times 10^{-19} \, \text{J} \\ &= 1.77 \times 10^{-19} \, \text{J} \end{aligned}$$

§1 古典物理学の破綻

と計算される.

光電子のエネルギーはその電子がもつ運動エネルギーであると考えられるので，電子の質量を m，飛び出す速さを v とすれば，(2.6)は

$$\frac{1}{2}mv^2 = h\nu - W \tag{2.9}$$

と書ける．これを**アインシュタインの光電方程式**という．

ここで話を少し前に戻し，どんなに弱い光でも光を当てると瞬間的に電子が飛び出すという現象は，光の波動説では説明不可能なことに注意しよう．1例として懐中電燈の豆球を光源としたときを考える．この場合の電力量は数ワット(W)程度だが，簡単のため電球の電力を1Wとする．光の波動説によると，光は光源を中心とする球面波として周囲の空間に広がっていく．1Wは1J/sに等しいから，毎秒あたり1ジュールだけのエネルギーが広がっていくことになる．いま，電球から1m離れた所にセシウムをおいたとする．電球を中心とする半径1mの球面の表面積は 4π m² である．この球面上に面積 S m² の部分を考えると，光のエネルギーは球対称に広がるから，この部分を通るエネルギーは毎秒あたり

$$\frac{1}{4\pi}S \simeq 8 \times 10^{-2} S \text{ J/s}$$

となる(図2.5).

セシウムから飛び出る光電子は1個の原子から放出されると考えるのが自然であろう．原子の半径は $1 \text{Å} = 10^{-10}$ m の程度であるから，上の S はオーダーとして $S \sim (10^{-10})^2 = 10^{-20}$ となる．この S を上式に代入すると，1個の原子が毎秒あたり吸収するエネルギーは 0.8×10^{-21} J/s で与えられる．一方，光電子のエネルギ

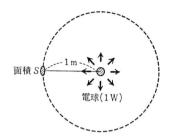

図 2.5 半径 1 m の球面上にある面積 S の部分

ーは前に計算したように 1.8×10^{-19} J である．原子がこれだけのエネルギーを蓄積するための所要時間は

$$\frac{1.8\times10^{-19}}{0.8\times10^{-21}} \simeq 230 \text{ s}$$

でほぼ 4 分に等しい．現実には光を当てた瞬間に光電子が飛び出すのだから，この結果は実験事実と矛盾する．

さらに，光の波動説によると，光の運ぶエネルギーは，その振幅が大きいほど大きい．このため，もし光が波なら，どんなに振動数が小さくてもその振幅が大きければ(強い光であれば)，電子は十分なエネルギーを光からもらい金属から飛び出すはずである．したがって，光の波動説が正しい限り，光電限界振動数といったものが存在するはずがない．このように，光電効果の現象は光を波動と考えたのでは説明がつかない．

以上述べた矛盾を解決するため，アインシュタインは 1905 年，光は粒子の性質をもち，ある大きさのエネルギーの塊となって空間を伝わると仮定し，次のような**光子説**を提唱した．すなわち，光は**光子**(photon)という一種の粒子の集りで，1 個の光子がもつエネルギーは，その光の振動数を ν とすれば

$$E = h\nu \tag{2.10}$$

と表される．また，光が原子から放出されたり，あるいは原子に

吸収されるとき,光は光子として放出,あるいは吸収される.

実際,上の仮定を認めると,例えば(2.9)の関係は次のように理解される. $h\nu$ のエネルギーをもつ1個の光子が金属中の電子と衝突すると,そのエネルギーを全部一度に,その電子に与える.図2.6で示すように,電子が金属から外へ出るのに必要なエネルギーを W とすれば,エネルギー保存の法則により,光電子の運動エネルギーは $h\nu - W$ となって,(2.9)が導かれるわけである.もし,$h\nu$ が W より小さいと電子は金属の内部から外へ出ることができず,したがって光電効果が起こらない. 同じように,前に述べた(iii)の性質も光子説で説明することができる(演習問題2.1参照). このように,光子説を使うと,光電効果の性質が非常にうまく理解される. なお,上のアインシュタインの考えは,プランクの提唱した**量子仮説**,すなわち"物体が振動数 ν の光を吸収したり放出するとき,やりとりされるエネルギーは常に $h\nu$ の整数倍である"という考えをさらに発展させたものである.

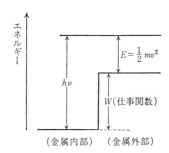

図2.6 光子説による光電効果の説明

運動するふつうの粒子を考えたとき,それはエネルギーと同時に運動量ももっている. したがって,光子もなんらかの運動量をもつと期待されよう. この運動量を求めるため,相対性理論によると,質量 m の粒子が運動量 p で運動しているとき,そのエネ

ルギー E は

$$E = \sqrt{m^2c^4 + c^2p^2}$$

で与えられることに注意する. ただし, ここで c は光速である. 光子では $m=0$ と考えられるので $E=cp$ が成り立つ. このため, (2.10) を使うと, 光子の運動量 p は, その光の振動数 ν, 波長 λ などにより

$$p = \frac{h\nu}{c} = \frac{h}{\lambda} \tag{2.11}$$

と表される. また, 運動量の方向は光の進行方向と一致する. (2.10), (2.11) は**アインシュタインの関係**とよばれる.

光の二重性

 光電効果を説明するには, 光が粒子の性質をもつと考えなければならない. しかし, 光が干渉や回折など波に特有な性質を示すことも厳然たる事実である. したがって, 光は波であると同時に粒子であると考えざるをえない. これを**光の二重性**という. このような二重性は, 通常の常識では理解しにくいことである. 水面上を広がっていく波はあくまでも波であり決して粒子ではない. また, けしつぶは粒子であり決して波ではない. だが, こういう常識は, われわれが身の周りで起こる現象から抽象したもので, その同じ常識が原子や電子などのミクロの世界でも通用するという保証はない. むしろ, 光の示す奇妙な二重性は, まさにこの種の常識を放棄することを要求しているのである. しかしながら, ニュートンの力学とマクスウェルの電磁気学, すなわち古典物理学に立脚して, 光の二重性を理解するのは不可能である. 古典物理学の立場では, 波はあくまでも波であり, 粒子はあくまでも粒子である. 波と粒子の両方の性質を矛盾なく説明するのが量子力学の 1 つの目的であるが, ページの進むにつれこの点に関する理

§2 原子の出す光

(1) 光のスペクトル

鉄を熱したり,物を燃やしたりすると光が出る.光は物質,もっと正確にいうと,その物質を構成する分子や原子から放出される.分光器などを用い,光をその波長(振動数)によって分けたものを**光のスペクトル**という.太陽や電燈の光は,いろいろな波長の光を連続的に含み,連続スペクトルを構成する.これに反して,螢光燈や水銀燈などから出る光のスペクトルは,何本かの輝く線(輝線)から成り立っている.このようなスペクトルを**線スペクトル**,また輝線のことを**スペクトル線**ともいう.

高速道路のトンネルの照明などによく使われる,ナトリウムランプの光のスペクトルを調べると,この光は波長が約 5900 Å の黄色の輝線であることがわかる.食塩(NaCl),炭酸ナトリウム(Na$_2$CO$_3$),水酸化ナトリウム(NaOH)などの水溶液を白金線につけてガスバーナーの炎で熱すると黄色の光が出る.この光のスペクトルを調べると,やはり波長が約 5900 Å の黄色の輝線が観測される.このことから,黄色の輝線はこれらの物質に共通に含まれている Na 原子に特有な光であることがわかる.一般に,ある原子の出す光は,その原子に特有な線スペクトルをもっている.この事実から逆に,線スペクトルを調べることによって原子に関する情報がえられる.光のスペクトルを研究する学問は**分光学**とよばれ,現在でも物理学における1つの重要な研究分野となっている.

(2) 水素原子のスペクトル

水素原子では,1個の陽子のまわりを1個の電子がまわってい

て，その構造はすべての原子中でもっとも簡単である．それに応じて，水素原子が出す光のスペクトルも簡単な性質をもつ．水素の気体を気体放電管に入れて放電させ，その光を分光器で調べると，多数のスペクトル線が観測される．図2.7にこれらのスペクトル線の1例を示す．赤から紫にかけて，$H_\alpha, H_\beta, H_\gamma, H_\delta, \cdots$ とよばれるスペクトル線の系列がみられる．これをバルマー(J. J. Balmer, 1825~1898)系列という．図2.7でスペクトル線の下に書いた数字は，その線の波長を Å で表したものである．バルマー系列で，波長が短くなるにつれてスペクトル線間の間隔はしだいに小さくなり，ついには 3646 Å の紫外部の所でこの系列は終わる．いずれにせよ，規則があるかのように，スペクトル線の並んでいるのが印象的である．

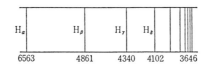

図2.7 水素原子の出す光のスペクトル
(バルマー系列)

実際，スイスの中学校の先生バルマーは，1885年に，上の系列に属するスペクトル線の波長 λ に対して

$$\frac{1}{\lambda} = R\left(\frac{1}{2^2} - \frac{1}{n'^2}\right) \qquad (n'=3, 4, 5, \cdots) \qquad (2.12)$$

の関係が成り立つことを発見した．それ故，この系列をバルマー系列とよぶのである．(2.12)で R はリュードベリ(J. R. Rydberg, 1854~1919)定数とよばれ，その値は

$$R = 1.09737 \times 10^7 \,\mathrm{m^{-1}} \qquad (2.13)$$

である．(2.12)で $n'=3, 4, 5, \cdots$ とおいたものが，$H_\alpha, H_\beta, H_\gamma, \cdots$

§2 原子の出す光

に対応する. 事実, (2.12)で $n'=3$ とおき, H_α の波長を計算すると, 実測値とよく合う結果がえられる(演習問題2.2参照).

バルマー系列と同じような系列は, 紫外部でも発見され, それを**ライマン**(T. Lyman, 1874〜1954)**系列**という. 同様に, 赤外部には**パッシェン**(L. C. H. F. Paschen, 1865〜1947)**系列**があり, 似たような系列も観測されている. これらの系列はすべて統一的に

$$\frac{1}{\lambda} = R\left(\frac{1}{n^2} - \frac{1}{n'^2}\right) \tag{2.14}$$

という形に表される. ここで, n は正の整数, また n' は n より大きい正の整数である ($n'=n+1, n+2, n+3, \cdots$). (2.14)で $n=1, 2, 3$ とおいた系列が, それぞれライマン系列, バルマー系列, パッシェン系列を表す.

以上, 水素原子のスペクトルを考えてきたが, 同じような事情は一般の原子の場合にも成り立つ. すなわち, 原子のスペクトルは一見複雑な構造をもつが, スペクトル線の波長の逆数 $1/\lambda$ を考えると, それは必ず2つの項の差として表される. この項を**スペクトル項**という. つまり, 1つの原子には, その原子に固有なスペクトル項の数列

$$T_1, T_2, T_3, \cdots$$

があり, 原子の出すスペクトル線の $1/\lambda$ は, このうちの適当な2項の差

$$\frac{1}{\lambda} = T_n - T_{n'} \tag{2.15}$$

という形に書ける. (2.15)を**リッツ**(W. Ritz, 1878〜1909)**の結合法則**という.

(3) 原子のスペクトルと古典論

以上, 原子のスペクトルに関する実験事実を述べてきたが, こ

の問題を古典物理学の立場から考えてみよう．マクスウェルの電磁気学によると，荷電粒子が加速度をもって運動するとき必ず電磁波を放射する．ラジオやテレビの放送局から電波が送られてくるのは，アンテナ中に電気振動が起こり，その振動に関与する電子が加速度運動を行うためである．このことを念頭におき水素原子の問題を考えると，次のような困難が生ずる．水素原子で電子が陽子のまわりを円運動すると，電子は加速度をもつのでそこから電磁波が発生する．このため，電子のエネルギーは減少していくはずである．その結果，円運動の半径は小さくなり，これに伴って円運動の角速度は大きくなるであろう．ちょうど，糸に物体をつけて円運動させるとき，糸が棒に巻きついてだんだん半径が小さくなるにつれ角速度が大きくなるようなものである．ところで，電磁気学によると，発生する電磁波の角振動数は円運動の角速度に等しい．したがって，古典論によると，水素原子中の電子が運動するとき，時間がたつにつれてしだいに振動数の大きい(波長の短い)電磁波を出すようになるはずである．しかし，現実には，バルマー系列のように，水素原子は常に一定波長の光を出している．これは，古典論では説明不可能な現象である．

§3 前期量子論

(1) ボーアの理論

ボーア(N. H. D. Bohr, 1885〜1962)は1913年，水素原子のスペクトルを説明するための1つの理論を提唱した．この理論は，上で述べた古典論の困難を根本的に解決したものではなく，歴史的にいうといわば古典論と量子力学との中継ぎの役目をもっていたわけで，現在ではこれを**前期量子論**という．現在の量子力学の立場からみると，前期量子論は必ずしも満足すべき理論ではない

が,歴史的な意味もさりながら,この理論に含まれるいくつかの概念は現在でも生き残っている.とくに,水素原子の問題では,不思議なことに,量子力学を用いた正確な結果と同じ結果がえられる.といったわけで,以下,ボーアの理論を学んでいこう.

ボーアの理論は,基本的に次の3つの仮定に立脚している.

(i) 原子内の電子のエネルギーは勝手な値をとるのではなく,その原子に特有なとびとびの値

$$E_1, E_2, E_3, \cdots, E_n, \cdots$$

のいずれかの値をとる.そして,この状態では原子は光の放射を行わない.このような状態を**定常状態**(stationary state)とよぶ.また,上の $E_1, E_2, \cdots$ などを**エネルギー準位**(energy level)という.エネルギー準位を表すのにふつう水平線をひき,上に行けば行くほどエネルギーが大きくなるようにとる.ただし,水平線の長さは別に意味をもっていない.

(ii) 原子が光の放出や吸収を行うのは,電子の状態が1つの定常状態から他の定常状態に移るときである.図2.8のように,$E_{n'}$ の定常状態から E_n の定常状態へ移ったとき($E_{n'}>E_n$),$E_{n'}-E_n$ のエネルギーがあまるが,このエネルギーは1個の光子を放出するのに使われる.したがって,振動数 ν の光を放出したとすれば,エネルギー保存の法則により

$$h\nu = E_{n'}-E_n \tag{2.16}$$

が成り立つ.逆に振動数 ν の光を原子が吸収して,定常状態が

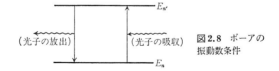

図 **2.8** ボーアの振動数条件

E_n から $E_{n'}$ へ移るときにも上式が成り立つ. (2.16)の関係を**ボーアの振動数条件**という.

(iii) 定常状態においては，電子は通常の力学の法則にしたがって運動する.

以上，ボーア理論の要点を簡単に述べたが，エネルギー準位の具体的な計算は後回しにし，2, 3補足的な注意をしておく. 古典力学では，エネルギーが連続的な値をとるのがふつうである. これに反し, (i)の仮定はエネルギーに不連続性を導入したわけで，その点，革命的な考え方であるといえよう. また，エネルギー準位のうちでエネルギーが最低の状態を**基底状態**，これより高いエネルギーの状態を**励起状態**という. これらの用語は，そのまま現在でも使われている.

(2) 量子条件

上述のボーアの理論で，定常状態を決めるには適当な条件が必要である. これを**量子条件**(quantum condition)という. この条件は一般的に

$$\oint p\,dq = nh \qquad (n=0,1,2,\cdots) \qquad (2.17)$$

と表される. ただし，左辺の積分は, qp 平面における閉曲線の囲む面積である. いきなりこんな式が出てきて，わかりにくいかもしれないが, (2.17)の物理的な意味は§4で述べることにし，さしあたり(2.17)を認め簡単な例を扱うとしよう.

例題 1　1 次元調和振動子

(2.17)の q は一般化座標を意味するが, q は座標 x であると思えば, xp 平面上の閉曲線は図1.8で示しただ円となる. このだ円の囲む面積は，演習問題1.3で計算したように, $2\pi E/\omega$ に等しい. したがって, (2.17)から

$$\frac{2\pi E}{\omega} = nh$$

$$\therefore\ E = \frac{h\omega}{2\pi} n \tag{2.18}$$

がえられる．量子力学では，プランク定数 h を 2π で割ったものがよく現れる．記号を簡単にするため

$$\hbar = \frac{h}{2\pi} \tag{2.19}$$

とおく．$\hbar$ の数値は

$$\hbar = 1.054 \times 10^{-34}\,\text{J·s} \tag{2.20}$$

で，この $\hbar$ をディラック(P. A. M. Dirac, 1902～)定数ともいう．

(2.18)は $\hbar$ を使って表すと

$$E = n\hbar\omega \quad (n=0,1,2,\cdots) \tag{2.21}$$

と書ける．すなわち，1次元調和振動子の基底状態では $E=0$ で，その上に等間隔 $\hbar\omega$ で励起状態が並ぶ(図 2.9)．量子力学の正確な計算によると，第3章で学ぶように，$E=(n+1/2)\hbar\omega$ である．したがって，正しいエネルギー準位は，図 2.9 をそのまま上方へ $\hbar\omega/2$ だけずらしたものとなる．

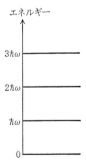

図 2.9 1次元調和振動子のエネルギー準位(前期量子論による)

例題 2 水素原子

(2.17) を水素原子の問題に適用するさい,簡単のため電子は陽子の位置を中心 O とする半径 r の円周上で等速円運動を行うと仮定する(図 2.10). 電子の運動量は一定の大きさ p をもち,円の接線方向を向く. したがって,q という座標は円周に沿う長さであると考えれば,電子が円を 1 周するとき,(2.17) は

$$\oint p\,dq = p \times 2\pi r = nh \tag{2.22}$$

と表される. $p \times r$ は電子の角運動量であるから,(2.22) を**電子の角運動量は $\hbar$ の整数倍である**と表現してよい. (2.17) では $n=0$ としてよいが,後でわかるように,水素原子の場合,$n=0$ とおくとエネルギーの値が $-\infty$ となり物理的に無意味なので,以後 (2.22) で $n=1, 2, 3, \cdots$ であるとする.

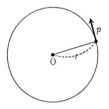

図 2.10 等速円運動する電子

(3) 水素原子のエネルギー準位

ボーアの理論の仮定 (iii) により,定常状態では古典力学の法則が適用できる. この点に注意し,図 2.10 のような等速円運動が可能な条件を求めてみよう. 陽子は e,電子は $-e$ の電荷をもつから,電子に働くクーロン力の大きさは

$$\frac{e^2}{4\pi\varepsilon_0 r^2} \tag{2.23}$$

で,またこの力は中心 O を向くように働く. (2.23) で ε_0 は**真空**

§3 前期量子論

の**誘電率**で,その値は
$$\varepsilon_0 = \frac{10^7}{4\pi c^2}\frac{\mathrm{C}^2\cdot\mathrm{s}^2}{\mathrm{kg}\cdot\mathrm{m}} = 8.8537\times10^{-12}\frac{\mathrm{C}^2}{\mathrm{N}\cdot\mathrm{m}^2} \qquad (2.24)$$
である.上式中で c は真空中の光速を表す.また,e はクーロン(C)の単位で
$$e = 1.60\times10^{-19}\,\mathrm{C} \qquad (2.25)$$
と表される.量子力学の分野では,上述の MKS 単位系のかわりに CGS 単位系を用いる場合がある.後者の単位系では,(2.23)で $4\pi\varepsilon_0$ を 1 とおき,また e の値として
$$e = 4.80\times10^{-10}\,\mathrm{CGS\ esu} \qquad (2.26)$$
を用いればよい.

図 2.10 で電子とともに回転する座標系で考えると,遠心力が外向きに働く.したがって,等速円運動が可能なためには,力のつり合いにより,遠心力がクーロン力に等しくなければならない.電子の質量およびその速さをそれぞれ m, v とすれば遠心力の大きさは mv^2/r であるから
$$m\frac{v^2}{r} = \frac{e^2}{4\pi\varepsilon_0 r^2} \qquad (2.27)$$
がえられる.あるいは $p=mv$ と (2.22) の関係に注意し (2.27) を整理すると
$$r = \frac{4\pi\varepsilon_0\hbar^2}{me^2}n^2 \qquad (2.28)$$
となる.(2.28) でとくに $n=1$ の場合を**ボーア半径**といい,ふつう a と書く.すなわち
$$a = \frac{4\pi\varepsilon_0\hbar^2}{me^2} \qquad (2.29)$$
とする.a は水素原子の半径を表す長さで,$m, e, \hbar$ の数値を代入すると (演習問題 2.3 参照)

$$a = 0.529 \times 10^{-10} \text{ m} \tag{2.30}$$

と計算される.すなわち,水素原子の半径はほぼ 0.5 Å であると考えてよい. a を用いると,(2.28)は $r=n^2a$ と表される.すなわち,電子の軌道半径は勝手な値をとるのではなく,量子条件のため,$a, 4a, 9a, \cdots$ といった離散的な値をとる.

次に,電子の力学的エネルギー E を求めよう.電子の運動エネルギーは $p^2/2m$,またクーロン力に基づく位置エネルギーは $-e^2/4\pi\varepsilon_0 r$ と表される.よって,E は

$$E = \frac{p^2}{2m} - \frac{e^2}{4\pi\varepsilon_0 r} \tag{2.31}$$

である.(2.27)と $r=n^2a$ の関係を利用すると上式は

$$E = -\frac{e^2}{8\pi\varepsilon_0 a n^2} \qquad (n=1, 2, 3, \cdots) \tag{2.32}$$

となり,この結果が水素原子のエネルギー準位を表す.(2.32)の符号がなぜ負であるのか,その理由については演習問題 2.4 を参照せよ.

このようにして,定常状態のエネルギーが求まったから,$n' \to n$ への遷移に伴って放出される光の振動数 ν はボーアの振動数条件(2.16)により

$$h\nu = \frac{e^2}{8\pi\varepsilon_0 a}\left(\frac{1}{n^2} - \frac{1}{n'^2}\right) \tag{2.33}$$

と表される.あるいは $c=\lambda\nu$ の関係を用いると(2.33)から(2.14)が導かれる.その結果,リュードベリ定数 R に対する理論式は

$$R = \frac{e^2}{8\pi h\varepsilon_0 a c} = \frac{me^4}{8\varepsilon_0^2 h^3 c} \tag{2.34}$$

であることがわかる.上式に既知の物理定数を代入すると $R = 1.10 \times 10^7 \text{ m}^{-1}$ となり,(2.13)で述べた R の実験値とよく一致する結果がえられる.このように,ボーアの理論は,水素原子のス

§4 ドゥ・ブローイーの物質波

光電効果からえた重要な教訓は,古典的には波と考えられる光は同時に粒子の性質をもつという点であった.それでは,逆に考え,電子のように古典的には粒子と考えられるものは同時に波の性質を示すのではなかろうか.このような発想をしたのがドゥ・ブローイー(L. V. de Broglie, 1892〜)である.実際,後になって,この予想の正しいことが実験的に確かめられた.電子に伴う波を**電子波**という.一般に物質粒子に伴う波を**物質波**あるいは**ドゥ・ブローイー波**という.

§1で学んだアインシュタインの関係 $E=h\nu$, $p=h/\lambda$ は,光の振動数 ν, 波長 λ が既知のとき,それに対応する粒子のエネルギー E, 運動量 p を与える公式である.この関係は,いわば波の言葉から粒子の言葉へ翻訳するさいの辞書であると考えられよう.そこで,逆に粒子から波へ翻訳する辞書は,上の関係から ν, λ を E, p で表し

$$\nu = \frac{E}{h}, \quad \lambda = \frac{h}{p} \tag{2.35}$$

と書けるであろう.これは,**ドゥ・ブローイーの関係**とよばれ,物質粒子の E, p が与えられたとき,これに伴う物質波の ν, λ を求めるための公式である.

デヴィッスン・ガーマーの実験

ドゥ・ブローイーが電子の波動性を提唱してからしばらくたって,1927年,アメリカの物理学者デヴィッスン(C. J. Davisson, 1881〜1958)とガーマー(L. H. Germer, 1896〜1971)は,電子線がX線と同様な回折現象を示すことを発見した.そうして,この回

折実験から電子波の波長を測定して、ドゥ・ブローイーの関係の正しいことを実証した．

図 2.11 にデヴィッスン・ガーマーの実験の概略が図示してある．かれらはニッケルの結晶に、65 V で加速した電子線をあて、電子の散乱角 θ を 44° に固定し、散乱方位角 φ と散乱電子線の強度との関係を測定した．その結果が、図 2.11 の右のグラフに示されている．このグラフからわかるように、散乱強度には規則正しく極大と極小とが現れている．このグラフと、結晶によるX線回折の結果とを比べると、それらが非常によく似ていることがわかった．

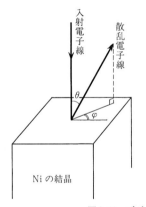
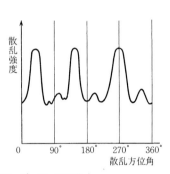

図 2.11 デヴィッスン・ガーマーの実験

ここで、かれらが用いた電子線の波長をドゥ・ブローイーの関係を用いて計算してみる．65 V の加速電圧を用いたのだから、電子のえたエネルギー E は (2.8) により $E = 1.04 \times 10^{-17}$ J である．一方、p と E との間には $E = p^2/2m$ の関係があり、これから $p = \sqrt{2mE}$ となる．電子の質量 m は MKS 単位系で

$$m = 9.11 \times 10^{-31} \text{ kg} \tag{2.36}$$

と表される.よって,上の E の数値を使うと,p は

$$p = \sqrt{2 \times 9.11 \times 10^{-31} \times 1.04 \times 10^{-17}} = 4.35 \times 10^{-24} \text{ kg·m/s}$$

と計算される.したがって,電子波の波長 λ は(2.7),(2.35)により

$$\lambda = \frac{6.63 \times 10^{-34}}{4.35 \times 10^{-24}} = 1.52 \times 10^{-10} \text{ m}$$

となる.すなわち,いまの場合,波長 1.52 Å の X 線を結晶に当てたことに相当する.デヴィッスンは用いる電子線の運動量をいろいろ変え,上の回折像から求まる波長と電子の運動量との間にドゥ・ブローイーの関係が成り立つことを確かめた.このようにして,電子の波動性は疑いないものとみなされるようになった.

その後,電子線の回折実験がいろいろ試みられたが,ひとたび,このような実験が行われると,電子線の方が X 線よりはるかに実験が容易であることがわかった.どうしてこの現象がそれまでみつからなかったのかと,不思議に思えるほどである.電子線によるこの種の実験は,**電子線回折**とよばれ,X 線と同様に,場合によってはそれより都合のよい方法として,物質の結晶構造の研究に利用されている.

量子条件とドゥ・ブローイー波

§3で(2.17)の形の量子条件について述べたが,この条件とドゥ・ブローイー波との間には密接な関係がある.これをみるため,例として水素原子の場合を考える.図2.10と同様,電子は陽子のまわりで半径 r の円運動を行うとし,また,電子に伴う波の波長を λ とする.図2.12からわかるように,円に沿って進行する波がスムーズにつながるためには,円周の長さが波長の整数倍でないといけない.すなわち

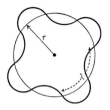

図 2.12 水素原子中の電子波

$$2\pi r = n\lambda \qquad (n=1, 2, 3, \cdots) \qquad (2.37)$$

の条件が要求される．(2.37)に $\lambda = h/p$ を代入すると

$$pr = n\hbar \qquad (2.38)$$

と表される．すなわち，電子の角運動量 pr は $\hbar$ の整数倍となり，(2.22)で求めたのと同一の結果がえられる．

粒子と波の二重性

§1 ですでに光の二重性について述べたが，同じようなことが電子の場合にも成り立つ．すなわち，電子は粒子であるとともに波であると考えないといけない．このような粒子と波の二重性を古典物理学の立場で理解するのは不可能である．この二重性が解決されたのは 1926〜27 年の頃であって，それまでの間，物理学者は場合場合に応じて電子を粒子と考えたり，あるいは波と考えたりした．同じように，あるときは光を波と考え，またあるときは光を粒子と考えた．この間の事情を表すたとえとして"物理学者は月水金の三日間は光が波であると考え，火木土の三日間は光が粒子であると考えた"のである．

このような二重性の謎を解く 1 つの鍵は，アインシュタインの関係あるいはドゥ・ブローイーの関係である．2 つの関係は，実際は同じことを表しているのであり，違いはただ何を左辺にもっていくかだけである．そこで以下，この違いにはあまりこだわらず，後の都合のよいようにこれらの関係を書き直すことにする．

まず，振動数 ν のかわりに角振動数 ω を用いる．$\omega=2\pi\nu$ であるから $E=h\nu$ の式は $E=\hbar\omega$ と表される．また，次式

$$k = \frac{2\pi}{\lambda} \qquad (2.39)$$

で k を定義する．この k を**波数**という．$1/\lambda$ は単位長さに含まれる波の数を表し，これを波数と定義する場合もあるが，ここではそれを 2π 倍したものを便宜上，波数と決める．このような k を導入すると $p=h/\lambda$ は，$p=\hbar k$ となる．したがって，まとめると

$$E = \hbar\omega, \quad p = \hbar k \qquad (2.40)$$

の関係が成り立つ．(2.40)は，量子力学の出発点ともいうべき基本的な関係で，その点については第3章で説明するつもりである．なお，光の場合には，$c=\lambda\nu$ が成立するので

$$\omega = ck \qquad (2.41)$$

と書ける点に注意しておく．

これまでの議論で，量子力学の話に入るための準備が一通りできたが，最後に次のようなコメントをしておく．本章では，光の議論がかなりの部分を占めたが，光あるいはもっと一般的に電磁波を量子力学の立場でとり扱う分野は量子電磁力学とよばれ，通常の量子力学より一段階レベルの高い理論である．そこで，本書では，光の問題はこの辺で打ち切ることにし，第3章以下では粒子の量子力学を中心にして話を進めていく．

演 習 問 題

2.1 光電効果において，光の強さを大きくすると，飛び出す光電子の数がふえるという性質がある．これを光子説により説明せよ．

2.2 (2.12), (2.13)を用いて H_α の波長を計算し，実測値と比較せよ．

2.3 MKS単位系における次の数値 $\hbar=1.054\times10^{-34}\,\text{J}\cdot\text{s}$, $e=1.602\times$

10^{-19} C, $m=9.107\times10^{-31}$ kg, $\varepsilon_0=8.854\times10^{-12}$ C²/N·m² を用いボーア半径を求めよ.

2.4 基底状態にある水素原子から電子をはがし,それを無限遠にもち去るため,すなわち,水素原子をイオン化するために必要なエネルギーを**電離化エネルギー**という.水素原子の電離化エネルギーは何 eV か.

第3章 シュレーディンガー方程式

§1 波動性の表現法

電子は,前章で述べたように粒子と同時に波の性質を示す.電子のエネルギー E,運動量 p と電子に伴うドゥ・ブローイー波の角振動数 ω,波数 k との間には,前章の(2.40)の関係 $E=\hbar\omega$,$p=\hbar k$ が成り立つ.ところで,運動量という量は,そもそもベクトル量であり,p はその大きさであると考えられる.運動量がベクトルであるならば,上の波数もベクトルでなければならない.前者をベクトル記号で $\boldsymbol{p}$,後者を $\boldsymbol{k}$ とすれば,上述の関係は

$$E = \hbar\omega, \quad \boldsymbol{p} = \hbar\boldsymbol{k} \qquad (3.1)$$

と一般化される.この $\boldsymbol{k}$ を**波数ベクトル**という.波数ベクトル $\boldsymbol{k}$ の大きさは $k=2\pi/\lambda$ で,その向き,方向は波の進行する向き,方向と一致する.

(3.1)を基礎として,シュレーディンガー(E. Schrödinger, 1887～1961)はドゥ・ブローイー波のしたがうべき方程式を提唱した.これは**シュレーディンガー方程式**とよばれ,量子力学における基本的な方程式である.本節の目的は,シュレーディンガー方程式を導くことであるが,その前に,古典的な波動に関する若干の復習をしておこう.

(1) 古典的な波動方程式

水面上に広がっていく波,空気中を伝わる音波,あるいは電磁波など,波動は物理学の諸分野でみられる現象である.波の1つの特徴は,なんらかの物理量,すなわち**波動量**がその形を変えずに,ある方向に進行していくという点である.もちろん,波動量

としてなにを選ぶかは，注目する現象に依存する．水面の波では，水面の各点における平均水準面からの変位，空気中の音波では，空気の密度の平均値からのずれを波動量と考えればよい．電磁波の場合には，電界または磁界を表すベクトル（あるいはそれらの x, y, z 成分）が波動量となる．このような波動量を φ と書けば，例えば x 方向の正の向きに進行する正弦波では，座標 x ，時間 t における φ が

$$\varphi = A \sin(kx - \omega t) \qquad (3.2\,\mathrm{a})$$

あるいは

$$\varphi = A \cos(kx - \omega t) \qquad (3.2\,\mathrm{b})$$

という形に表される．ただし，A は波の振幅である．一般に，波数ベクトル $\boldsymbol{k}$ の方向に進行する正弦波の場合，位置ベクトルを $\boldsymbol{r}$ とすれば，位置 $\boldsymbol{r}$ ，時間 t における φ は，(3.2a) に対応して

$$\varphi = A \sin(\boldsymbol{k} \cdot \boldsymbol{r} - \omega t) \qquad (3.3)$$

で与えられる．

波動量の時間，空間的な変化を記述する**波動方程式**は

$$\frac{1}{c^2}\frac{\partial^2 \varphi}{\partial t^2} = \frac{\partial^2 \varphi}{\partial x^2} + \frac{\partial^2 \varphi}{\partial y^2} + \frac{\partial^2 \varphi}{\partial z^2} \equiv \Delta \varphi \qquad (3.4)$$

と表される．ここで c は波の伝わる速さで，音波なら音速，電磁波なら光速に等しい．また，Δ の記号はラプラシアンである．(3.3) の φ に対し

$$\frac{\partial^2 \varphi}{\partial t^2} = -\omega^2 \varphi \qquad (3.5)$$

が成り立つ．また

$$\frac{\partial^2 \varphi}{\partial x^2} = -k_x^2 \varphi \qquad (3.6)$$

となる．ただし，k_x は $\boldsymbol{k}$ の x 成分である．同様な関係が y, z 方

向に対しても成立し，このため，$k^2=k_x{}^2+k_y{}^2+k_z{}^2$ に注意すると
$$\Delta\varphi = -k^2\varphi \tag{3.7}$$
がえられる．(3.5),(3.7)を(3.4)に代入すると
$$\omega^2 = c^2k^2$$
となる．この平方根をとり，簡単のため正符号だけを考えると
$$\omega = ck \tag{3.8}$$
と表される．上式は，(2.41)と一致する．念のため，(3.8)の物理的意味を述べておく．$\omega=2\pi\nu$，$k=2\pi/\lambda$ であるから，(3.8)は $c=\lambda\nu$ と変形される．波は1回振動すると波長 λ だけ進み，単位時間に振動数 ν だけ振動する．よって，$\lambda\nu$ は単位時間に波の進む速さ c に等しいのである．

(3.4)の波動方程式を取り扱うとき，(3.3)の実数解のかわりに
$$\varphi = A\,\mathrm{e}^{i(\boldsymbol{k}\cdot\boldsymbol{r}-\omega t)} \tag{3.9}$$
という複素数の解を考えることがある．(3.9)のφに対しても(3.5),(3.6),(3.7)が成り立つことは容易にわかる．したがって，(3.8)が満たされると，(3.9)は(3.4)の解となる．この場合，複素数ということに大きな意味があるのではなく，むしろ複素解を導入するのは，1つの数学的な便法といえよう．もしもある複素数の解があれば，その実数部分または虚数部分がそれぞれ方程式の解になっていて，これらが物理的な波動量を与えることになる．古典物理学の範囲では，波動量は必ず実数でなければならない．この点は，次に述べる量子力学の場合と本質的に異なっている．

(2) シュレーディンガー方程式

古典物理学における波が適当な波動量で記述されるように，ドゥ・ブローイー波もなんらかの波動量で表されるであろう．いまのところ，その物理的意味は不明であるが，とにかくそのような波動量 ψ があるとし，これを**波動関数**(wave function)という．

波動関数 ϕ がしたがうべき方程式を導くため,例えば1個の電子を考え,その質量を m とする.電子には外力が働かないとすれば,その力学的エネルギー E は運動エネルギーだけであるから

$$E = \frac{p^2}{2m} \tag{3.10}$$

と書ける.あるいは,これに(3.1)を代入すると

$$\omega = \frac{\hbar k^2}{2m} \tag{3.11}$$

となる.

(3.11)の形は(3.8)と異なるので,ϕ のしたがうべき方程式は(3.4)のような古典的な波動方程式ではありえない.しかし,とにかく ϕ は波数 $\boldsymbol{k}$,角振動数 ω のドゥ・ブローイー波を表すことを考慮すれば,その波としての性格は(3.3)もしくは(3.9)のように書けるであろう.いずれの場合でも $\Delta\phi = -k^2\phi$ が成立し,したがって,(3.11)に ϕ をかけると

$$-\frac{\hbar}{2m}\Delta\phi = \omega\phi \tag{3.12}$$

と表される.さらに上式に $\hbar$ をかけ,(3.1)の左側の関係 $E=\hbar\omega$ に注意すると

$$-\frac{\hbar^2}{2m}\Delta\phi = E\phi \tag{3.13}$$

がえられる.これを**シュレーディンガーの(時間によらない)波動方程式**という.後で詳しく述べるが,この方程式はエネルギー E を求めるための基本式である.

(3.13)を波動方程式といったところで,あまりぴんと来ないかもしれない.(3.4)の波動方程式が時間 t を含んでいるのに,(3.13)ではそれに対応する項がないからである.そこで,時間に依存する式を求めるため,まず(3.3)の形の波動関数,すなわち ϕ

§1 波動性の表現法

$=A\sin(\boldsymbol{k}\cdot\boldsymbol{r}-\omega t)$ を考えてみる．われわれは (3.12) で $\omega\phi$ という項をなるべく簡単な t に関する微分演算で表現したいのだが，この形でははなはだ具合が悪い．なぜなら，上の ϕ を t で偏微分すると

$$\frac{\partial}{\partial t}A\sin(\boldsymbol{k}\cdot\boldsymbol{r}-\omega t) = -\omega A\cos(\boldsymbol{k}\cdot\boldsymbol{r}-\omega t)$$

となり，確かに ω という因子は出てくるが，sin 関数が cos 関数に変わってしまうからである．

ところが，(3.9) の複素解

$$\phi = A\mathrm{e}^{i(\boldsymbol{k}\cdot\boldsymbol{r}-\omega t)} \tag{3.14}$$

という波動関数を考えると，事情は一変する．すなわち，(3.14) から

$$-\frac{1}{i}\frac{\partial\phi}{\partial t} = \omega\phi \tag{3.15}$$

となり，これを (3.12) に代入し $\hbar$ をかけると

$$-\frac{\hbar}{i}\frac{\partial\phi}{\partial t} = -\frac{\hbar^2}{2m}\Delta\phi \tag{3.16}$$

がえられる．これを**シュレーディンガーの(時間を含んだ)波動方程式**という．

以上の議論からわかるように，波動関数は本質的に複素数である．古典的な波動方程式 (3.4) はすべて実数の量を含み，(3.9) の複素解はいわば一種の数学的便法であった．これに反し，量子力学の基礎方程式 (3.16) には虚数単位 i が現れ，よってその解は一般に複素数となる．すなわち，ドゥ・ブローイー波を記述する波動量は一般に複素数で，このためそれ自身が観測できるというわけではない．それでは，波動関数はどんな物理的意味をもつのであろうか．この疑問に対する答は §3 で学ぶ．

ここで話を(3.16)に戻し，もう少し詳しくこの自由電子に対する方程式の意味を考察しよう．(3.15)に $\hbar$ をかけ，$E=\hbar\omega$ を思い出すと

$$-\frac{\hbar}{i}\frac{\partial\phi}{\partial t} = E\phi \tag{3.17}$$

がえられる．上式より $-(\hbar/i)\partial/\partial t$ という微分演算子がエネルギーに対応していることがわかる．この対応関係を

$$-\frac{\hbar}{i}\frac{\partial}{\partial t} \longrightarrow \text{エネルギー} \tag{3.18}$$

と書こう．同様に，(3.14)を x で偏微分し，$\boldsymbol{p}=\hbar\boldsymbol{k}$ の関係を用いると

$$\frac{\hbar}{i}\frac{\partial\phi}{\partial x} = \hbar k_x\phi = p_x\phi \tag{3.19}$$

と表される．すなわち，$(\hbar/i)\partial/\partial x$ の演算子が運動量の x 成分に対応する．y, z 方向についても同様で，(3.18)と同じように書くと

$$\frac{\hbar}{i}\frac{\partial}{\partial x},\ \frac{\hbar}{i}\frac{\partial}{\partial y},\ \frac{\hbar}{i}\frac{\partial}{\partial z} \longrightarrow \text{運動量の } x, y, z \text{ 成分} \tag{3.20}$$

となる．

古典的な物理学では，すべての物理量は適当な単位を用いると数値として表現される．これに反し，量子力学の立場では，物理量は適当な**演算子**(operator)として表されると考える．その場合，(3.18), (3.20)の対応関係を逆に用い，例えばエネルギーは $-(\hbar/i)\partial/\partial t$ という演算子で与えられるとする．同様に，演算子としての運動量 $\boldsymbol{p}$ は

$$\boldsymbol{p} = \frac{\hbar}{i}\nabla \tag{3.21}$$

と表される．ここで∇はナブラ記号で

$$\nabla = \left(\frac{\partial}{\partial x}, \frac{\partial}{\partial y}, \frac{\partial}{\partial z}\right) \tag{3.22}$$

というベクトル的な微分演算子である．このような演算子に対して，通常の数のことをc数(common number)という場合がある．

自由電子の古典力学的なハミルトニアンHは

$$H = \frac{1}{2m}(p_x{}^2 + p_y{}^2 + p_z{}^2) \tag{3.23}$$

と書ける．いまの場合，p_x, p_y, p_zは(3.21)の演算子であるとしたから，当然上のHも演算子となる．例えば，$p_x{}^2$を考えると

$$p_x{}^2 = -\hbar^2\left(\frac{\partial}{\partial x}\right)^2 = -\hbar^2\frac{\partial^2}{\partial x^2} \tag{3.24}$$

が成り立つ．上式で$(\partial/\partial x)^2$とは，$\partial/\partial x$を2回続けて演算すること，すなわちxに関する2階偏微分に等しいことを用いた．y, zについても同様で，量子力学的なハミルトニアンは

$$H = -\frac{\hbar^2}{2m}\left(\frac{\partial^2}{\partial x^2} + \frac{\partial^2}{\partial y^2} + \frac{\partial^2}{\partial z^2}\right) = -\frac{\hbar^2}{2m}\Delta \tag{3.25}$$

と表される．したがって，(3.16)は

$$-\frac{\hbar}{i}\frac{\partial \psi}{\partial t} = H\psi \tag{3.26}$$

と書ける．(3.18)の対応関係と，Hが力学的エネルギーに等しいことを思い出すと，(3.26)の意味が理解されよう．

これまでは，例として自由電子を考えてきたが，最終的な(3.26)をみると，自由電子という性格はハミルトニアンHの形に集約されている．これから逆に，外力が働く場合でも，(3.26)のHとしてその場合のハミルトニアンを用いればよいと期待される．電子に$U(x, y, z)$のポテンシャルが働くとき，ハミルトニアンHは

$$H = \frac{1}{2m}(p_x{}^2 + p_y{}^2 + p_z{}^2) + U(x, y, z) \qquad (3.27)$$

と表される．(3.26)の H として上式を代入し，(3.21)を使うと

$$-\frac{\hbar}{i}\frac{\partial \psi}{\partial t} = -\frac{\hbar^2}{2m}\Delta\psi + U\psi \qquad (3.28)$$

がえられる．(3.28)は外場があるときのシュレーディンガーの(時間を含んだ)波動方程式で，ドゥ・ブローイー波の時間，空間的変化を記述する方程式である．上式で，ψ は x, y, z, t に依存する関数であるが，とくに

$$\psi(x, y, z, t) = e^{-iEt/\hbar}\psi(x, y, z) \qquad (3.29)$$

と書けるとき(E は定数)，(3.29)の右辺の ψ に対する式は

$$-\frac{\hbar^2}{2m}\Delta\psi + U\psi = E\psi \qquad (3.30)$$

と表される．これは，(3.13)を一般化した関係で，シュレーディンガーの波動方程式，あるいは単に**シュレーディンガー方程式**とよばれる．これまでは例として電子を考えてきたが，(3.30)は一般に質量 m の粒子がポテンシャル U を受けながら運動する場合に適用できる方程式である．最後に，(3.27)のハミルトニアンを用いると，(3.30)は簡単に

$$H\psi = E\psi \qquad (3.31)$$

と書けることに注意しておこう．

§2 シュレーディンガー方程式の例

第2章では量子条件を用いてエネルギー準位を決めたが，量子力学では(3.31)を解いてエネルギー準位が求められる．(3.31)で $\psi = 0$ とおけば確かに解であるが，ドゥ・ブローイー波が恒等的に 0 であればそれに伴う粒子は存在しないことになり物理的に無

意味である．したがって，(3.31)の物理的な解として恒等的には0でないようなものをみつけなければならない．適当な条件下でそのような解が存在するとき，それを**固有関数**，またそのときのEを**エネルギー固有値**という．エネルギー固有値が体系のエネルギー準位を表すと考えてよい．上で適当な条件と書いたが，これは通常，**境界条件**とよばれ問題に応じて適当に設定される．波動関数の意味が明確でない現段階で，シュレーディンガー方程式を解くのは多少先走りかもしれぬが，反面，物事には慣れということも大切である．以下，このような見地から簡単な例を考えていくことにしよう．

例題1 1次元の自由粒子

一直線(x軸)上を運動する質量mの粒子を考えると，(3.30)で$U=0$であり，またϕはxだけに依存するので，シュレーディンガー方程式は

$$-\frac{\hbar^2}{2m}\frac{d^2\phi}{dx^2} = E\phi \tag{3.32}$$

と書ける．この場合の1つの境界条件として，$x=0$と$x=L$とを一致させ，図3.1に示すリング状の体系を考える．そうすると，点xと点$x+L$とは同一の点を表すことになるから，波動関数$\phi(x)$に対して

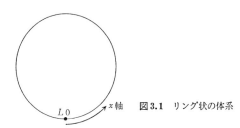

図3.1 リング状の体系

$$\phi(x+L) = \phi(x) \tag{3.33}$$

の条件が課せられることになる．これを**周期的境界条件**(periodic boundary condition)という．

上の(3.32)を解くとき，まず $E<0$ と仮定しよう．$E=-\hbar^2\alpha^2/2m$ とおけば，(3.32)は

$$\frac{d^2\phi}{dx^2} = \alpha^2\phi \tag{3.34}$$

となる．この微分方程式の解は $\phi=Ae^{\alpha x}$ あるいは $\phi=Ae^{-\alpha x}$ と表される．ただし，A は任意定数である．いずれの解も(3.33)を満足しえないので，この場合を除外しなければならない．そこで以下，$E>0$ と仮定し

$$E = \frac{\hbar^2 k^2}{2m} \tag{3.35}$$

とおく．(3.32)は

$$\frac{d^2\phi}{dx^2} = -k^2\phi \tag{3.36}$$

となり，よってその解は Ae^{ikx} または Ae^{-ikx} で与えられる．後者は前者の k の符号を逆にしたものであるから，前者の解だけを採用し，k の符号を適当に考慮すれば後者の解は自動的に含まれる．そこで

$$\phi = Ae^{ikx} \tag{3.37}$$

とする．

(3.37)を(3.33)に代入すると，k を決めるべき条件として

$$e^{ikL} = 1 \tag{3.38}$$

がえられる．一般に，$e^{i\theta}=\cos\theta+i\sin\theta$ が成り立つので，kL は 2π の整数倍に等しい．よって，上で述べた k の符号の点を考慮すると，可能な k の値は

$$k = \frac{2\pi n}{L} \qquad (n = 0, \pm 1, \pm 2, \cdots) \tag{3.39}$$

と表される.これを(3.35)に代入すると,エネルギー固有値は

$$E = \frac{\hbar^2}{2m}\left(\frac{2\pi n}{L}\right)^2 \tag{3.40}$$

と計算される.これとまったく同じ結果が,前期量子論の量子条件を利用してもえられる.その点については演習問題 3.1 を参照せよ.

(3.39)からわかるように,k はある飛び飛びの値をとり,これに対応して,(3.40)の E も飛び飛びの値をとる.すなわち,エネルギーの不連続性がえられたわけだが,その原因は,波の問題を取り扱ったためで,バイオリンの弦の振動として,基音およびそれの調和音が許されるのと同じ事情である.

例題 2 水素原子の基底状態

陽子の位置を原点 O にとり,電子の直交座標を x, y, z とする.陽子,電子間の距離 r は

$$r = \sqrt{x^2 + y^2 + z^2} \tag{3.41}$$

と書ける.電子にはたらくクーロン力のポテンシャルは $U = -e^2/4\pi\varepsilon_0 r$ である.よって,電子の質量を m とすれば,(3.30)のシュレーディンガー方程式は

$$-\frac{\hbar^2}{2m}\Delta\phi - \frac{e^2}{4\pi\varepsilon_0 r}\phi = E\phi \tag{3.42}$$

と表される.図 1.6 で示した極座標を導入し,ϕ は r, θ, φ の関数であるとし(3.42)を解くこともできる(第 5 章参照).しかし,ここではもっと簡単な場合として,ϕ は r だけの関数と仮定し計算を進める.

(3.41)を用いると

$$\frac{\partial \psi(r)}{\partial x} = \frac{\mathrm{d}\psi}{\mathrm{d}r}\frac{\partial r}{\partial x} = \frac{\mathrm{d}\psi}{\mathrm{d}r}\frac{x}{\sqrt{x^2+y^2+z^2}} = \frac{\mathrm{d}\psi}{\mathrm{d}r}\frac{x}{r}$$

となり,さらにこれをもう1回 x で偏微分すると

$$\frac{\partial^2 \psi}{\partial x^2} = \frac{\mathrm{d}^2\psi}{\mathrm{d}r^2}\frac{\partial r}{\partial x}\frac{x}{r} + \frac{\mathrm{d}\psi}{\mathrm{d}r}\frac{1}{r} + \frac{\mathrm{d}\psi}{\mathrm{d}r}x\frac{\partial}{\partial x}\left(\frac{1}{r}\right)$$
$$= \frac{\mathrm{d}^2\psi}{\mathrm{d}r^2}\frac{x^2}{r^2} + \frac{\mathrm{d}\psi}{\mathrm{d}r}\frac{1}{r} - \frac{\mathrm{d}\psi}{\mathrm{d}r}\frac{x^2}{r^3}$$

がえられる. y, z に関する2階偏微分も同様で,上式の x をそれぞれ y, z でおきかえればよい.こうして

$$\Delta\psi = \frac{\mathrm{d}^2\psi}{\mathrm{d}r^2}\frac{x^2+y^2+z^2}{r^2} + \frac{\mathrm{d}\psi}{\mathrm{d}r}\frac{3}{r} - \frac{\mathrm{d}\psi}{\mathrm{d}r}\frac{x^2+y^2+z^2}{r^3}$$
$$= \frac{\mathrm{d}^2\psi}{\mathrm{d}r^2} + \frac{2}{r}\frac{\mathrm{d}\psi}{\mathrm{d}r}$$

と表される.

この式を(3.42)に代入すると

$$-\frac{\hbar^2}{2m}\left(\frac{\mathrm{d}^2\psi}{\mathrm{d}r^2} + \frac{2}{r}\frac{\mathrm{d}\psi}{\mathrm{d}r}\right) - \frac{e^2}{4\pi\varepsilon_0 r}\psi = E\psi \qquad (3.43)$$

となる.この微分方程式を解くため,A, c を定数として

$$\psi = A\,\mathrm{e}^{cr} \qquad (3.44)$$

とおいてみよう.一般的に,(3.43)のような2階微分方程式を解くのは容易ではないが,いまの場合,(3.44)の形でうまくいくことがわかる.

(3.44)を(3.43)に代入すると,簡単な計算の結果

$$-\frac{\hbar^2}{2m}\left(c^2 + \frac{2c}{r}\right) - \frac{e^2}{4\pi\varepsilon_0 r} = E \qquad (3.45)$$

がえられる.左辺の $1/r$ の係数を0とおくと

$$-\frac{\hbar^2 c}{m} - \frac{e^2}{4\pi\varepsilon_0} = 0 \qquad (3.46)$$

となり,その結果,E は

$$E = -\frac{\hbar^2 c^2}{2m} \tag{3.47}$$

と表される．(3.46)は

$$c = -\frac{me^2}{4\pi\varepsilon_0 \hbar^2} = -\frac{1}{a} \tag{3.48}$$

と書ける．ただし，aは(2.29)で論じたボーア半径で，$a = 4\pi\varepsilon_0\hbar^2/me^2$である．また，(3.48)を(3.47)に代入すると

$$E = -\frac{\hbar^2}{2ma^2} = -\frac{e^2}{8\pi\varepsilon_0 a} \tag{3.49}$$

となる．この結果は，(2.32)の式で$n=1$とおいたものと完全に一致する．したがって，水素原子の基底状態を表す波動関数は，(3.44), (3.48)より

$$\phi = A\,\mathrm{e}^{-r/a} \tag{3.50}$$

と表される．上式中の任意定数Aは，いままでの議論だけでは決まらない．この定数をどう決めるかについては§3で述べる．

例題3　箱の中の自由粒子

1辺の長さLの立方体の箱の中にある自由粒子を考える．この立方体の辺に沿って，図3.2のように，x, y, z軸をとる．この場

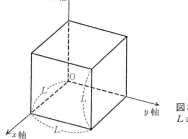

図3.2 1辺の長さがLの立方体

合, $U=0$ であるから, 粒子の質量を m とすれば, シュレーディンガー方程式は

$$-\frac{\hbar^2}{2m}\Delta\phi = E\phi \qquad (3.51)$$

と表される. あるいは, ラプラシアンの定義式を使うと

$$-\frac{\hbar^2}{2m}\left(\frac{\partial^2\phi}{\partial x^2}+\frac{\partial^2\phi}{\partial y^2}+\frac{\partial^2\phi}{\partial z^2}\right) = E\phi \qquad (3.52)$$

となる. このような偏微分方程式を解く1つのやり方は**変数分離の方法**を利用することである. この方法では, 波動関数 ϕ が

$$\phi(x,y,z) = X(x)Y(y)Z(z) \qquad (3.53)$$

で与えられると仮定する. ただし, X は x だけの関数であるとする. Y, Z も同様に, それぞれ y, z だけの関数と仮定する. (3.53)を(3.52)に代入し, 全体を XYZ で割ると

$$-\frac{\hbar^2}{2m}\left(\frac{X''}{X}+\frac{Y''}{Y}+\frac{Z''}{Z}\right) = E \qquad (3.54)$$

がえられる. ただし, $'$ は微分を意味し, 例えば $X''=d^2X/dx^2$ である.

(3.54)で X''/X は x だけの関数, Y''/Y は y だけの関数, Z''/Z は z だけの関数で, これらの和が定数に等しくなっている. したがって, いま y, z を固定して考えると X''/X は一定値に等しくなり, x に依存してはならない. $Y''/Y, Z''/Z$ も同様, 定数に等しくなり, 結局

$$\frac{X''}{X} = a, \quad \frac{Y''}{Y} = b, \quad \frac{Z''}{Z} = c \qquad (3.55)$$

がえられる. もちろん, E は

$$E = -\frac{\hbar^2}{2m}(a+b+c) \qquad (3.56)$$

と表される. (3.55)の一番左の式を考えると, 例題1の1次元の

自由粒子の場合と同じである．したがって，そのときと同様，$a<0$ でなければならない．そこで $a=-k_x^2$ とおくと $X''=-k_x^2 X$ となり，この解として

$$X(x) = A_x\,\mathrm{e}^{ik_x x} \tag{3.57}$$

がえられる．同様な結果が，Y, Z に対してもえられ，結局，波動関数 ψ は

$$\psi = A\,\mathrm{e}^{i(k_x x + k_y y + k_z z)} \tag{3.58}$$

と表される．波数ベクトル $\boldsymbol{k}=(k_x, k_y, k_z)$ を使うと，(3.58)は

$$\psi = A\,\mathrm{e}^{i\boldsymbol{k}\cdot\boldsymbol{r}} \tag{3.59}$$

と書ける．このような形の波動関数を**平面波**という．

波数ベクトルを決めるため，例題1と同じように，周期的境界条件を用いる．すなわち，

$$X(x+L)=X(x), \quad Y(y+L)=Y(y), \quad Z(z+L)=Z(z)$$

が成り立つとする．その結果，前と同じように

$$k_x = \frac{2\pi l}{L}, \quad k_y = \frac{2\pi m}{L}, \quad k_z = \frac{2\pi n}{L} \tag{3.60}$$

$$(l, m, n = 0, \pm 1, \pm 2, \cdots) \tag{3.61}$$

がえられる．また，エネルギー固有値 E は

$$E = \frac{\hbar^2}{2m}(k_x^2 + k_y^2 + k_z^2) = \frac{\hbar^2 k^2}{2m} \tag{3.62}$$

で与えられるから，(3.60)を代入すると

$$E = \frac{\hbar^2}{2m}\left(\frac{2\pi}{L}\right)^2 (l^2 + m^2 + n^2) \tag{3.63}$$

となる．

これまで(3.59)中の定数 A は不定であったが，これを**箱中の規格化**(box normalization)の条件から決めよう．この条件は

$$\int |\psi|^2\,\mathrm{d}v = \int \psi^* \psi\,\mathrm{d}v = 1 \tag{3.64}$$

を意味する．ただし，$|\phi|$ は ϕ の絶対値，＊印は共役複素数を表す．また，dv は体積要素で，積分は箱の中にわたって行われる．$e^{i\boldsymbol{k}\cdot\boldsymbol{r}}$ の絶対値は 1 であるから，A を実数とすれば，(3.59),(3.64)により

$$\int A^2\,dv = 1 \quad \therefore\ A^2 L^3 = 1$$

となる．これより A は $A=1/\sqrt{V}$ と求まる．ただし，V は立方体の体積で，$V=L^3$ を意味する．このようにして，箱中で規格化された波動関数は

$$\psi_{\boldsymbol{k}}(x,y,z) = \frac{1}{\sqrt{V}}e^{i\boldsymbol{k}\cdot\boldsymbol{r}} \tag{3.65}$$

と書ける．添字 $\boldsymbol{k}$ は，波動関数が波数ベクトル $\boldsymbol{k}$ によって決められることを明記したものである．

(3.65)の波動関数は

$$\int \psi_{\boldsymbol{k}}{}^{*}\psi_{\boldsymbol{k}'}\,dv = \delta(\boldsymbol{k},\boldsymbol{k}') \tag{3.66}$$

の関係を満たすことがわかる．ただし，右辺の $\delta(\boldsymbol{k},\boldsymbol{k}')$ は 3 次元的なクロネッカー記号で，$\boldsymbol{k}$ と $\boldsymbol{k}'$ とがベクトルとして一致するとき 1，他の場合には 0 であることを示す．また，一般に，波動関数の集合があるとき，その関数に対して(3.66)のような関係が成り立てば，これらの関数は**規格直交系**をつくるという．

(3.66)は次のようにして証明される．(3.65)を(3.66)の左辺の積分に代入すると

$$\frac{1}{V}\int_0^L e^{i(k_{x'}-k_x)x}\,dx \int_0^L e^{i(k_{y'}-k_y)y}\,dy \int_0^L e^{i(k_{z'}-k_z)z}\,dz$$

と表される．ここで，x に関する積分に注目すると，(3.60)を用いて

$$\int_0^L e^{i(k_{x'}-k_x)x}\,\mathrm{d}x = \int_0^L e^{i2\pi(l'-l)x/L}\,\mathrm{d}x$$

$$= \frac{1}{2\pi i(l'-l)/L}[e^{2\pi i(l'-l)}-1]$$

となる. $e^{2\pi i(l'-l)}$ は 1 であるから, $l' \neq l$ なら上式は 0 である. y, z に関する積分も同様で, 結局, 注目している積分は $\boldsymbol{k}'$ と $\boldsymbol{k}$ とが違えば 0 に等しいことがわかる. $\boldsymbol{k}'=\boldsymbol{k}$ のときには, (3.64) により, (3.66)の成立することは明らかである.

§3 波動関数

前節で, 適当な条件下で解けるシュレーディンガー方程式のいくつかの例を論じた. しかし, 波動関数の物理的意味については触れなかった. それを説明するのが本節の目的である. 最初に注意しておきたいのは, 物理は数学と異なり, 波動関数の性質がア・プリオリに与えられるわけではないという点である. むしろ, 実験と一致するか, 内部矛盾は含まないか, といった観点から波動関数に関する仮定あるいは解釈がなされてきたのである. 以下に述べる波動関数の諸性質は, 歴史的にこのような手続きをふまえた上で, 量子力学の法則として確立されたものである.

(1) エネルギー固有値と固有関数

すでに述べたように, $H\psi=E\psi$ の方程式で, 適当な条件下で恒等的には 0 でない波動関数 ψ が存在するとき, ψ を固有関数, E をエネルギー固有値という. この ψ で表される状態のエネルギーを測定すると**必ず確定値 E がえられる**. また, これまでの例でも明らかなように, ψ が固有関数ならそれを定数倍したものもやはり固有関数である. これを一般化し, 任意の波動関数 ψ があるとき, **ψ と $c\psi$ とは同じ状態を表す**と考える. ただし, c は

例として水素原子の基底状態を考えてみよう．この場合の波動関数は(3.50)で与えられるが，この状態で電子のエネルギーを測定すると必ず(3.49)のエネルギーが測定されることになる．それでは，この状態で電子の位置や運動量を測定すると，どんな値がえられるのであろうか．まず，前期量子論で考えると，ボーア半径 a の円周上で電子は等速円運動するので，電子はこの円周上に分布することになる(図3.3(a))．これに反し，量子力学の場合には，図3.3(b)のように，電子はある種の空間的な分布をすると考える．すなわち，基底状態にある水素原子で，電子の位置を測定すると，場合，場合に応じて異なった場所で電子が見出される．たとえていえば，さいころをふったとき，1の目が出たり，6の目が出たりするようなものである．何回もさいころをふれば，1の目が出る確率が1/6になるように，電子の位置の場合でも，測定を何回もくり返すと，ある場所で電子の見出される確率が決まる．このように，電子の存在確率を導入するのが量子力学の大きな特徴で，それによって粒子と波の二重性を矛盾なく説明しうるのである．なお，電子の運動量も位置と同じようにある種の確率分布を示すが，これについては(3)で述べる．

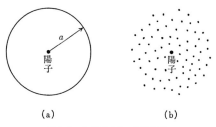

図3.3 水素原子中の電子分布

(2) 粒子の存在確率

ハミルトニアン H で記述される粒子の波動関数は，一般に(3.26)の形の式，すなわち $-(\hbar/i)\partial\phi/\partial t = H\phi$ の方程式にしたがい時間，空間的に変化していく．ある時刻 t において，この粒子の位置を測定したとき，その存在確率に関し次の法則が成り立つ．

粒子が点 (x, y, z) の附近の微小体積 dv の中に見出される確率は

$$|\phi(x,y,z,t)|^2\,dv \tag{3.67}$$

に比例する．

とくに，上の $\phi(x, y, z, t)$ が (3.29) のように書けるならば，$\phi(x, y, z)$ は $H\phi = E\phi$ の方程式を満たす．また，$e^{-iEt/\hbar}$ の絶対値は 1 であるので，次の法則が導かれる．

波動関数 $\phi(x, y, z)$ で表される状態で粒子の位置の測定を行うとき，それが点 (x, y, z) の附近の微小体積 dv の中に見出される確率は

$$|\phi(x,y,z)|^2\,dv \tag{3.68}$$

に比例する．

前に述べたように，波動関数を定数倍しても物理的には同じ状態を表すから，この定数を適当に選ぶと

$$\int |\phi(x,y,z)|^2\,dv = 1 \tag{3.69}$$

を成り立たせることができる．そうすると，(3.68)は dv の中に粒子が見出される，相対的ではない，真の確率を与えることになる．(3.69)のように ϕ を選ぶことを，ϕ を**規格化**するという．ただし，(3.69)の積分領域は問題によって異なる．§2 の例題 3 で述べた箱の中の粒子では，積分領域は注目している箱の内部であった．一方，水素原子の基底状態の場合，電子は全空間に分布し

うるので，(3.69)の積分領域は全空間となる．

さて，ドゥ・ブローイー波を表す波動量として波動関数を考えてきたが，§1で注意したように，波動関数は本質的に複素数である．すなわち，量子力学では，波動性は複素数の波として記述されることになる．ところで，ψは複素数としても$|\psi|$はもちろん実数である．このため$|\psi|$は観測しうる可能性があり，実際，$|\psi|$そのものではないが，$|\psi|^2$は上述のように粒子の存在確率を表す．量子力学におけるこのような粒子性は，古典力学におけるそれとはまったく異なる．古典力学では，ある瞬間に粒子の位置，速度を指定すれば，それ以後の粒子の軌道は一義的に決定され，確率のようなものを考える必要はない．このような古典力学の立場からみると，量子力学における粒子性は大変奇妙に感じられる．しかし，適当な極限をとると，量子力学の法則から古典力学の運動方程式が導かれる．この点については§5で述べる．結局のところ，量子力学では，波動性は複素数の波，粒子性は確率として表現され，そのために粒子と波の二重性が矛盾なく記述されるのである．

例題　水素原子の基底状態における電子の存在確率

この場合の波動関数は，(3.50)により
$$\psi = A\,\mathrm{e}^{-r/a} \tag{3.70}$$
で与えられる．まず，(3.69)にしたがい，規格化の条件から定数Aを決めよう．簡単のためAを実数と仮定すれば，(3.69)の積分は全空間にわたるので規格化の条件は
$$4\pi A^2 \int_0^\infty r^2\,\mathrm{e}^{-2r/a}\,\mathrm{d}r = 1 \tag{3.71}$$
と書ける．(3.71)の積分をもう少し見易い形に表現するため，次の変数変換

を行うと，(3.71)は

$$4\pi A^2 \left(\frac{a}{2}\right)^3 \int_0^\infty x^2 \, e^{-x} \, dx = 1 \qquad (3.73)$$

と表される．(3.73)の x に関する積分は以下に述べるガンマ関数を用いると容易に計算でき，その結果，2 に等しいことがわかる．このため，A は

$$A = \frac{1}{\sqrt{\pi a^3}} \qquad (3.74)$$

となり，よって規格化された波動関数は

$$\psi = \frac{1}{\sqrt{\pi a^3}} \, e^{-r/a} \qquad (3.75)$$

で与えられる．(3.68)により体積 dv の中に電子が見出される確率は

$$\frac{1}{\pi a^3} \, e^{-2r/a} \, dv \qquad (3.76)$$

と表される．

ここでガンマ関数について一言触れておこう．一般に

$$\Gamma(s) = \int_0^\infty x^{s-1} \, e^{-x} \, dx \qquad (s > 0) \qquad (3.77)$$

で定義される $\Gamma(s)$ を**ガンマ関数**という．とくに $s=1$ であれば

$$\Gamma(1) = \int_0^\infty e^{-x} \, dx = \left[-e^{-x}\right]_0^\infty = 1 \qquad (3.78)$$

と計算される．また，部分積分を適用すると

$$\Gamma(s+1) = \int_0^\infty x^s \, e^{-x} \, dx = \left[-x^s \, e^{-x}\right]_0^\infty + \int_0^\infty s x^{s-1} \, e^{-x} \, dx$$

がえられる．$x^s \, e^{-x}$ は x が 0 でも ∞ でも 0 になるので，次の公式

$$r = \frac{a}{2} x \quad \therefore \ dr = \frac{a}{2} dx \qquad (3.72)$$

$$\Gamma(s+1) = s\Gamma(s) \tag{3.79}$$

が成り立つ．(3.79)をくり返し使うと，(3.78)により，$\Gamma(2)=1$，$\Gamma(3)=2\Gamma(2)=2!$，$\Gamma(4)=3\Gamma(3)=3!$，… と表され，一般に n を 0 または正の整数とすると

$$\Gamma(n+1) = n! \tag{3.80}$$

となる．あるいは，次の公式

$$\int_0^\infty x^n \, e^{-x} \, dx = n! \tag{3.81}$$

は覚えやすい関係であろう．

ここで(3.76)に話を戻し，陽子からの電子の距離が r と $r+dr$ との間にある領域を考えてみよう．半径 r と半径 $r+dr$ の同心球を描けば，上の領域は図3.4の斜線を引いた部分で表される．この部分の体積は $4\pi r^2 \, dr$ なので，この中に電子が見出される確率，いいかえると陽子，電子間の距離が r と $r+dr$ との間にある確率は，(3.76)で $dv = 4\pi r^2 \, dr$ とおき

$$P(r) \, dr = \frac{4}{a^3} r^2 \, e^{-2r/a} \, dr \tag{3.82}$$

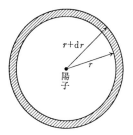

図3.4 陽子，電子間の距離が r と $r+dr$ との間にある領域

で与えられる．この $P(r)$ は陽子，電子間の距離に対する分布関数であるが，その性質については演習問題3.2を参照せよ．

上の分布関数を用いると，例えば r の平均値 $\bar{r}$ は

$$\bar{r} = \int_0^\infty rP(r)\,\mathrm{d}r \tag{3.83}$$

と表される.(3.82)を代入し,(3.72),(3.81)を利用すると,$\bar{r}$ は

$$\bar{r} = \frac{4}{a^3}\left(\frac{a}{2}\right)^4 \int_0^\infty x^3\,\mathrm{e}^{-x}\,\mathrm{d}x = \frac{3}{2}a \tag{3.84}$$

と計算される.図3.3(a)で示した前期量子論の場合には,当然 $\bar{r}=a$ であるが,量子力学の場合には,その1.5倍というわけである.

(3) 運動量の確率分布

量子力学では,前述のように,粒子の位置が確率として表されるが,それと同様なことが運動量についても成り立つ.このような運動量の確率分布を考えてみよう.まず,次のような問題を提起する.波動関数の絶対値 $|\psi|$ が粒子の存在確率と関係していることはすでに学んだが,複素数は絶対値と同時に偏角をもっている.波動関数の偏角はどんな物理的意味をもつのであろうか.この問題を調べるため,(3.59)の平面波の波動関数

$$\phi = A\,\mathrm{e}^{i(k_x x + k_y y + k_z z)} \tag{3.85}$$

を考えてみる.運動量を表す演算子は(3.21)により $(\hbar/i)\nabla$ で与えられるが,この x 成分に注目し,(3.85)に作用すると

$$\frac{\hbar}{i}\frac{\partial}{\partial x}\phi = \hbar k_x \phi \tag{3.86}$$

となり,同様な式が,y, z 成分に対しても成り立つ.

ここで,$H\phi = E\phi$ が成り立つとき,ϕ で表される状態では,ハミルトニアン H が確定値 E をもつことを思い出そう.(3.86)はこれと同様な形であるので,運動量の x 成分が確定値 $\hbar k_x$ をもつと考えるのが自然であろう.y, z 成分も同様で,(3.85)の ϕ は,決まった運動量 $\hbar \boldsymbol{k}$ をもつ状態を表すと考えられる.このことか

ら，波動関数の偏角が運動量と関係していることがわかる．なお，(3.85)では $|\psi|^2=|A|^2$ となり，粒子の存在確率は位置に無関係な一定値となる．すなわち，運動量がきっちり決まると，粒子の位置はどこだかわからなくなるわけで，これは後で述べる不確定性原理の1例である．

ところで，一般の波動関数は，もちろん(3.85)のようには表せない．この場合には，次の法則が成り立つ．注目している状態の波動関数 $\psi(x, y, z)$ が

$$\psi(x, y, z) = \int A(p_x, p_y, p_z)\, e^{i(p_x x + p_y y + p_z z)/\hbar}\, dp_x dp_y dp_z \quad (3.87)$$

と書けるとしよう．そうすると，この状態で粒子の運動量を測定したとき，運動量の各成分が

$$p_x \sim p_x + dp_x, \quad p_y \sim p_y + dp_y, \quad p_z \sim p_z + dp_z \quad (3.88)$$

の範囲内に見出される確率は

$$|A(p_x, p_y, p_z)|^2\, dp_x dp_y dp_z \quad (3.89)$$

に比例する．ただし，(3.87)の p_x, p_y, p_z に関する積分は，それぞれ $-\infty$ から ∞ までにわたって行われる．

いきなり(3.87)のような積分が現れ，戸惑いを感じる読者もあろう．この種の積分はフーリエ(J. B. J. Fourier, 1768〜1830)積分とよばれ，以下簡単な解説を試みる．だが，その前に，(3.87)〜(3.89)でいちいち成分を書くのは面倒なので，ベクトル記号を用い，これらを次のように簡単化する．まず，(3.87)を

$$\psi(\boldsymbol{r}) = \int A(\boldsymbol{p})\, e^{i\boldsymbol{p}\cdot\boldsymbol{r}/\hbar}\, d\boldsymbol{p} \quad (3.90)$$

と書く．ここでの $d\boldsymbol{p}$ は，運動量の x, y, z 成分を直交座標とするような空間，つまり**運動量空間**中の微小体積を表す．すなわち，

$d\bm{p} = dp_x dp_y dp_z$ である.また,(3.88)を $\bm{p} \sim \bm{p} + d\bm{p}$ と書く.同じ $d\bm{p}$ という記号を使うが,混乱は起きないであろう.最後に,(3.89)を $|A(\bm{p})|^2 d\bm{p}$ と表す.まとめると,運動量が $\bm{p} \sim \bm{p} + d\bm{p}$ に見出される確率は $|A(\bm{p})|^2 d\bm{p}$ に比例する,ということになる.

フーリエ級数とフーリエ積分

フーリエ積分を述べる準備として,フーリエ級数の説明をした方がわかりやすいと思うので,それから始めよう.ただし,以下の議論は,物理屋のセンスでの数学の話なので,数学的な厳密性は問わないことにする.厳密性が気になる読者は,例えば,高木貞治著「解析概論」(岩波書店)などを参照せよ.

いま,$f(x)$ という実変数 x の関数があり,これは(3.33)の周期的境界条件を満たすとする.すなわち,$f(x+L)=f(x)$ が成り立つとする.この $f(x)$ は,図3.5で示すような周期 L をもつ周期関数である.したがって,長さ L の領域で $f(x)$ がわかれば,他の領域はそれのくり返しということになる.便宜上,われわれは $-L/2 \leq x \leq L/2$ という領域に注目しよう.ここで,次の

$$u_l(x) = e^{2\pi i l x / L} \qquad (l = 0, \pm 1, \pm 2, \cdots) \qquad (3.91)$$

なる関数を考えると

$$u_l(x+L) = e^{2\pi i l (x+L)/L} = e^{2\pi i l} e^{2\pi i l x / L} = u_l(x)$$

が成り立つので,$u_l(x)$ は周期 L をもつ周期関数である.このよ

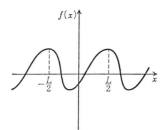

図3.5 周期 L をもつ周期関数

うな $u_l(x)$ を用い，$f(x)$ を

$$f(x) = \sum_{l=-\infty}^{\infty} a_l \, e^{2\pi i l x/L} \tag{3.92}$$

と展開した級数を**フーリエ級数**，また展開の係数 a_l を**フーリエ係数**という．

係数 a_l を決めるため，(3.92)の両辺に $e^{-2\pi i m x/L}$ をかけ，x に関し $-L/2$ から $L/2$ まで積分する．その結果

$$\int_{-L/2}^{L/2} f(x) \, e^{-2\pi i m x/L} \, dx = \sum a_l \int_{-L/2}^{L/2} e^{2\pi i(l-m)x/L} \, dx \tag{3.93}$$

となる．右辺の積分は，$l \neq m$ であれば

$$\int_{-L/2}^{L/2} e^{2\pi i(l-m)x/L} \, dx = \frac{1}{2\pi i(l-m)/L} \left[e^{2\pi i(l-m)x/L} \right]_{-L/2}^{L/2}$$

$$= \frac{1}{2\pi i(l-m)/L} (e^{\pi i(l-m)} - e^{-\pi i(l-m)}) \tag{3.94}$$

と計算される．$e^{\pi i(l-m)}$ も $e^{-\pi i(l-m)}$ もともに $(-1)^{l-m}$ に等しいから，(3.94)は0となる．一方，$l=m$ なら(3.94)の積分が L に等しいことは明らかである．したがって，(3.93)の l に関する和で，l が m に等しい項だけが残り，他は0となる．このため，a_m は

$$a_m = \frac{1}{L} \int_{-L/2}^{L/2} f(x) \, e^{-2\pi i m x/L} \, dx \tag{3.95}$$

と表される．上式で m を l とおき，また，変数の混乱を避けるため積分変数を x' と書いて(3.95)を(3.92)に代入すると

$$f(x) = \sum_{l=-\infty}^{\infty} \frac{1}{L} \int_{-L/2}^{L/2} f(x') \, e^{2\pi i l(x-x')/L} \, dx' \tag{3.96}$$

がえられる．

(3.96)で

$$\frac{2\pi l}{L} = k \tag{3.97}$$

§3 波動関数

と定義し，$L\to\infty$ の極限を考えてみよう．L が有限なら(3.97)で定義される k は飛び飛びの値をとるが，$L\to\infty$ の極限では，この k は連続変数とみなすことができる．また，この極限で(3.96)の l に関する和は k に関する積分として表される．すなわち

$$\sum_{l} \longrightarrow \int \mathrm{d}l = \frac{L}{2\pi}\int \mathrm{d}k \tag{3.98}$$

を用いると

$$f(x) = \frac{1}{2\pi}\int_{-\infty}^{\infty}\mathrm{d}k \int_{-\infty}^{\infty}\mathrm{d}x'\, f(x')\, e^{ik(x-x')} \tag{3.99}$$

となる．上式右辺の積分を**フーリエ積分**という．

上と同様な議論は容易に多変数の場合に拡張される．3変数 x,y,z の場合，(3.90)のようなベクトル的な記号を使うと($\mathrm{d}\boldsymbol{k}=\mathrm{d}k_x \mathrm{d}k_y \mathrm{d}k_z$，$\mathrm{d}\boldsymbol{r}'=\mathrm{d}x'\mathrm{d}y'\mathrm{d}z'$)

$$f(\boldsymbol{r}) = \frac{1}{(2\pi)^3}\int \mathrm{d}\boldsymbol{k}\,\mathrm{d}\boldsymbol{r}'\, f(\boldsymbol{r}')\, e^{i\boldsymbol{k}\cdot(\boldsymbol{r}-\boldsymbol{r}')} \tag{3.100}$$

が導かれる．3変数のときには，(3.99)のような積分が3個現れるので，因数として(3.100)の $1/(2\pi)^3$ が出てくるのである．(3.100)の $\boldsymbol{k}$ は波数ベクトルに相当するが，これを運動量に変換するため次の関係に注意する．

$$\boldsymbol{k} = \frac{\boldsymbol{p}}{\hbar}, \quad \mathrm{d}k_x\mathrm{d}k_y\mathrm{d}k_z = \frac{1}{\hbar^3}\mathrm{d}p_x\mathrm{d}p_y\mathrm{d}p_z \tag{3.101}$$

そうすると，(3.100)は

$$f(\boldsymbol{r}) = \frac{1}{(2\pi\hbar)^3}\int \mathrm{d}\boldsymbol{p}\,\mathrm{d}\boldsymbol{r}'\, f(\boldsymbol{r}')\, e^{i\boldsymbol{p}\cdot(\boldsymbol{r}-\boldsymbol{r}')/\hbar} \tag{3.102}$$

と表される．

(3.102)で $f(\boldsymbol{r})$ は波動関数 $\psi(\boldsymbol{r})$ であると思えば，同式は

$$\psi(\boldsymbol{r}) = \int A(\boldsymbol{p})\, e^{i\boldsymbol{p}\cdot\boldsymbol{r}/\hbar}\, \mathrm{d}\boldsymbol{p} \tag{3.103}$$

$$A(\boldsymbol{p}) = \frac{1}{(2\pi\hbar)^3} \int \phi(\boldsymbol{r}')\, \mathrm{e}^{-i\boldsymbol{p}\cdot\boldsymbol{r}'/\hbar}\, \mathrm{d}\boldsymbol{r}' \qquad (3.104)$$

と書ける．(3.103)は(3.90)と一致するから，逆に，(3.90)で導入された $A(\boldsymbol{p})$ は波動関数によって(3.104)のように表されることがわかる．この $A(\boldsymbol{p})$ を波動関数 $\phi(\boldsymbol{r})$ の**フーリエ変換**という．これらの式と運動量の確率分布との関係は，少々後で論ずる．

ディラックのデルタ関数

少し前に戻り，(3.99)で k と x' との積分順序を交換し

$$\frac{1}{2\pi} \int \mathrm{e}^{ik(x-x')}\, \mathrm{d}k = \delta(x'-x) \qquad (3.105)$$

と定義すれば，同式は

$$f(x) = \int_{-\infty}^{\infty} f(x')\, \delta(x'-x)\, \mathrm{d}x' \qquad (3.106)$$

と表される．この $\delta(x)$ はディラックの**デルタ関数** (delta function) とよばれ，量子力学でよく使われる関数である．ここではフーリエ積分と関連してデルタ関数を導入したが，ふつうは次のように $\delta(x)$ が定義される．すなわち，$\delta(x)$ は x に関する偶関数で $\delta(-x)=\delta(x)$ を満たし，また

$$\delta(x) = \begin{cases} 0 & (x \neq 0) \\ \infty & (x = 0), \end{cases} \quad \int_{-\infty}^{\infty} \delta(x)\, \mathrm{d}x = 1 \qquad (3.107)$$

の性質をもつ．いわば，$\delta(x)$ は $x=0$ で，無限に大きい，しかし 1 の面積をもつピークで表されるような関数である．まともな方法ではこんな関数は考えにくいが，例えば図 3.6 で示す x の関数を考え $\varepsilon \to 0$ の極限をとると $\delta(x)$ が実現される．

(3.106)で $f(x')$ が x' の連続関数であれば，$\delta(x'-x)$ は $x'=x$ 以外は 0 だから，$f(x')$ を $f(x)$ として積分記号の外に出してよい．また，デルタ関数の積分値は 1 であるから(3.106)が成立す

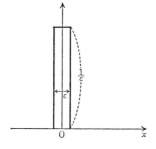

図 3.6 デルタ関数の実現($\varepsilon \to 0$ の極限をとる)

ることになる.

同様にして,3 次元的なデルタ関数 $\delta(\boldsymbol{r}'-\boldsymbol{r})$ は

$$f(\boldsymbol{r}) = \int f(\boldsymbol{r}')\delta(\boldsymbol{r}'-\boldsymbol{r})\,\mathrm{d}\boldsymbol{r}' \tag{3.108}$$

の性質をもつ.(3.102)から

$$\frac{1}{(2\pi\hbar)^3}\int \mathrm{e}^{i\boldsymbol{p}\cdot(\boldsymbol{r}-\boldsymbol{r}')/\hbar}\,\mathrm{d}\boldsymbol{p} = \delta(\boldsymbol{r}'-\boldsymbol{r}) \tag{3.109}$$

であることがわかる.

波動関数の運動量表示

(3.103)から

$$|\psi(\boldsymbol{r})|^2 = \int A(\boldsymbol{p})\,\mathrm{e}^{i\boldsymbol{p}\cdot\boldsymbol{r}/\hbar}\,\mathrm{d}\boldsymbol{p} \int A^*(\boldsymbol{p}')\,\mathrm{e}^{-i\boldsymbol{p}'\cdot\boldsymbol{r}/\hbar}\,\mathrm{d}\boldsymbol{p}'$$

と書ける.ただし,$\boldsymbol{p}$ と $\boldsymbol{r}$ は実数のベクトルであること,$A(\boldsymbol{p})$ は一般に複素数であることを用いた.上式を $\boldsymbol{r}$ について全空間で積分すると

$$\begin{aligned}
\int |\psi|^2\,\mathrm{d}\boldsymbol{r} &= \int \mathrm{d}\boldsymbol{p}\,\mathrm{d}\boldsymbol{p}'\,\mathrm{d}\boldsymbol{r}\,A(\boldsymbol{p})A^*(\boldsymbol{p}')\,\mathrm{e}^{i(\boldsymbol{p}-\boldsymbol{p}')\cdot\boldsymbol{r}/\hbar} \\
&= (2\pi\hbar)^3 \int \mathrm{d}\boldsymbol{p}\,\mathrm{d}\boldsymbol{p}'\,A(\boldsymbol{p})A^*(\boldsymbol{p}')\delta(\boldsymbol{p}'-\boldsymbol{p}) \\
&= (2\pi\hbar)^3 \int |A(\boldsymbol{p})|^2\,\mathrm{d}\boldsymbol{p}
\end{aligned}$$

がえられる. ここで1列目から2列目に進むさい, (3.109)で $\boldsymbol{p}\to\boldsymbol{r}$, $\boldsymbol{r}\to\boldsymbol{p}$, $\boldsymbol{r}'\to\boldsymbol{p}'$ のおきかえをした式を利用した. 上式からわかるように

$$\alpha(\boldsymbol{p}) = (2\pi\hbar)^{3/2} A(\boldsymbol{p}) \tag{3.110}$$

で $\alpha(\boldsymbol{p})$ を定義すれば, $\int |\psi|^2 \,\mathrm{d}\boldsymbol{r}=1$ のとき $\int |\alpha(\boldsymbol{p})|^2 \,\mathrm{d}\boldsymbol{p}=1$ が成立する. すなわち, 波動関数が実空間で規格化されていれば, $\alpha(\boldsymbol{p})$ は運動量空間で規格化されていることになり, (3.89)からわかるように, $|\alpha(\boldsymbol{p})|^2 \,\mathrm{d}\boldsymbol{p}$ は運動量が $\boldsymbol{p}\sim\boldsymbol{p}+\mathrm{d}\boldsymbol{p}$ に見出される確率そのものを与える.

(3.103), (3.104), (3.110)から

$$\psi(\boldsymbol{r}) = \frac{1}{(2\pi\hbar)^{3/2}} \int \alpha(\boldsymbol{p}) \, \mathrm{e}^{i\boldsymbol{p}\cdot\boldsymbol{r}/\hbar} \,\mathrm{d}\boldsymbol{p} \tag{3.111}$$

$$\alpha(\boldsymbol{p}) = \frac{1}{(2\pi\hbar)^{3/2}} \int \psi(\boldsymbol{r}) \, \mathrm{e}^{-i\boldsymbol{p}\cdot\boldsymbol{r}/\hbar} \,\mathrm{d}\boldsymbol{r} \tag{3.112}$$

と表される. 波動関数がわかれば(3.112)から $\alpha(\boldsymbol{p})$ が計算でき, 逆に $\alpha(\boldsymbol{p})$ がわかれば(3.111)により $\psi(\boldsymbol{r})$ が求まる. 指数関数の肩の符号を除き, 上の2つの式は ψ と α に対して対称的な形をもっている点に注意しよう. この $\alpha(\boldsymbol{p})$ を波動関数の**運動量表示**(momentum representation)という.

以上の結果をまとめると次のようになる. 波動関数が規格化されているとき, その運動量表示 $\alpha(\boldsymbol{p})$ は運動量の確率分布を与える. すなわち, 粒子の運動量が $\boldsymbol{p}\sim\boldsymbol{p}+\mathrm{d}\boldsymbol{p}$ に見出される確率は $|\alpha(\boldsymbol{p})|^2 \,\mathrm{d}\boldsymbol{p}$ に等しい.

運動量の平均値

上で述べた運動量の確率分布を利用し, 運動量の x 成分の量子力学的な平均値 $\overline{p_x}$ を考察する. 求める量は, 変数と確率との積を運動量空間で積分したもので与えられるから

§3 波動関数

$$\overline{p_x} = \int p_x |\alpha|^2 \, \mathrm{d}\boldsymbol{p} = \int p_x \alpha^* \alpha \, \mathrm{d}\boldsymbol{p}$$
$$= \int p_x \frac{\mathrm{d}\boldsymbol{p}}{(2\pi\hbar)^3} \int \psi^*(\boldsymbol{r}) \, \mathrm{e}^{i\boldsymbol{p}\cdot\boldsymbol{r}/\hbar} \, \mathrm{d}\boldsymbol{r} \int \psi(\boldsymbol{r}') \, \mathrm{e}^{-i\boldsymbol{p}\cdot\boldsymbol{r}'/\hbar} \, \mathrm{d}\boldsymbol{r}' \tag{3.113}$$

と表される.ただし,(3.112)を用いた.

$$p_x \, \mathrm{e}^{i\boldsymbol{p}\cdot\boldsymbol{r}/\hbar} = \frac{\hbar}{i} \frac{\partial}{\partial x} \mathrm{e}^{i\boldsymbol{p}\cdot\boldsymbol{r}/\hbar}$$

を利用し,部分積分を適用すると

$$\int p_x \psi^*(\boldsymbol{r}) \, \mathrm{e}^{i\boldsymbol{p}\cdot\boldsymbol{r}/\hbar} \, \mathrm{d}\boldsymbol{r}$$
$$= \int \psi^*(\boldsymbol{r}) \frac{\hbar}{i} \frac{\partial}{\partial x} \mathrm{e}^{i\boldsymbol{p}\cdot\boldsymbol{r}/\hbar} \, \mathrm{d}\boldsymbol{r}$$
$$= \frac{\hbar}{i} \left\{ \left[\int \psi^* \, \mathrm{e}^{i\boldsymbol{p}\cdot\boldsymbol{r}/\hbar} \, \mathrm{d}y\mathrm{d}z \right]_{x=-\infty}^{x=\infty} - \int \mathrm{e}^{i\boldsymbol{p}\cdot\boldsymbol{r}/\hbar} \frac{\partial \psi^*(\boldsymbol{r})}{\partial x} \, \mathrm{d}\boldsymbol{r} \right\}$$

がえられる.ここで,波動関数は水素原子の基底状態の場合のように $x \to \pm\infty$ で 0 になると仮定する.この仮定下で上式の第 1 項は 0 となる.したがって,(3.113)は

$$\overline{p_x} = \frac{1}{(2\pi\hbar)^3} \int \mathrm{d}\boldsymbol{r}\mathrm{d}\boldsymbol{r}'\mathrm{d}\boldsymbol{p} \left(-\frac{\hbar}{i} \frac{\partial \psi^*(\boldsymbol{r})}{\partial x} \right) \mathrm{e}^{i\boldsymbol{p}\cdot(\boldsymbol{r}-\boldsymbol{r}')/\hbar} \psi(\boldsymbol{r}')$$

となる.この式に(3.109)を適用すると

$$\overline{p_x} = \int \mathrm{d}\boldsymbol{r}\mathrm{d}\boldsymbol{r}' \left(-\frac{\hbar}{i} \frac{\partial \psi^*(\boldsymbol{r})}{\partial x} \right) \delta(\boldsymbol{r}'-\boldsymbol{r}) \psi(\boldsymbol{r}')$$
$$= -\frac{\hbar}{i} \int \frac{\partial \psi^*(\boldsymbol{r})}{\partial x} \psi(\boldsymbol{r}) \, \mathrm{d}\boldsymbol{r}$$

と変形され,さらにもう 1 回部分積分を使うと

$$\overline{p_x} = \int \psi^*(\boldsymbol{r}) \frac{\hbar}{i} \frac{\partial}{\partial x} \psi(\boldsymbol{r}) \, \mathrm{d}\boldsymbol{r} \tag{3.114}$$

がえられる.

量子力学では，運動量は演算子として表されるので，とくにその点を強調するため $p_x{}^{\mathrm{op}} = (\hbar/i)\partial/\partial x$ と書くと，(3.114)は

$$\overline{p_x} = \int \phi^*(\boldsymbol{r}) p_x{}^{\mathrm{op}} \phi(\boldsymbol{r})\,\mathrm{d}\boldsymbol{r} \tag{3.115}$$

となる．上と同様な計算をくり返すと

$$\overline{p_x{}^2} = \int \phi^*(\boldsymbol{r}) (p_x{}^{\mathrm{op}})^2 \phi(\boldsymbol{r})\,\mathrm{d}\boldsymbol{r} \tag{3.116}$$

を導くことができる．演習のため，読者は自身で(3.116)の関係を確かめてみよ．

(3.115),(3.116)の結果は，なかなか暗示的である．これから，一般にある物理量の平均値は，その物理量を表す演算子 Q を用いて，$\int \phi^*(\boldsymbol{r}) Q \phi(\boldsymbol{r})\,\mathrm{d}\boldsymbol{r}$ のように書けることが期待されよう．実際それが正しいことは第4章で学ぶであろう．

(4) 波動関数の数学的性質

これまで主として波動関数の物理的意味について考察してきたが，量子力学の実際問題を解くときにはその数学的性質を知っておく必要がある．ここでは，そのような性質に関する2,3の注意を述べ，応用として簡単な例題を解くことにする．ただし，1次元のシュレーディンガー方程式に話を限る．

いま，x 軸を運動する質量 m の粒子があるとし，この粒子には外場のポテンシャル $U(x)$ が働くとする．(3.30)によりこのときのシュレーディンガー方程式は

$$-\frac{\hbar^2}{2m}\frac{\mathrm{d}^2\phi}{\mathrm{d}x^2} + U\phi = E\phi \tag{3.117}$$

と表される．§2の例題1では周期的境界条件を使い，$U=0$ の場合を論じたが，ここでは x の全領域 $-\infty < x < \infty$ を考えることにする．(3.117)は，数学的にいうと，x に関する2階の微分方程

式であり，よって $d^2\psi/dx^2$ の存在を前提としている．このため，一般に，ψ と $d\psi/dx$ とは x の連続関数でなければならない．この性質は，以下に示すように，$U(x)$ が不連続的な変化をする場合にも成り立つ．

例えば，図 3.7 のように $U(x)$ が $x=a$ の点で不連続的変化するとしよう．(3.117)を x に関し $a-\varepsilon$ から $a+\varepsilon$ まで積分すると

$$-\frac{\hbar^2}{2m}\int_{a-\varepsilon}^{a+\varepsilon}\frac{d^2\psi}{dx^2}\,dx+\int_{a-\varepsilon}^{a+\varepsilon}U\psi\,dx=E\int_{a-\varepsilon}^{a+\varepsilon}\psi\,dx \tag{3.118}$$

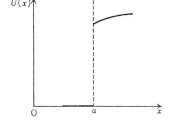

図 3.7 ポテンシャルの不連続的変化

である．ここで $\varepsilon\to 0$ の極限をとると，右辺と左辺第 2 項とは 0 となり，したがって

$$-\frac{\hbar^2}{2m}\left[\left(\frac{d\psi}{dx}\right)_{a+\varepsilon}-\left(\frac{d\psi}{dx}\right)_{a-\varepsilon}\right]=0 \tag{3.119}$$

がえられる．すなわち，$d\psi/dx$ は $x=a$ で連続でなければならない．ただし，この議論は $U(x)$ が $x=a$ でデルタ関数的に振る舞うときには成立しない．例えば，$U(x)=U_0\delta(x-a)$ とすれば

$$\int_{a-\varepsilon}^{a+\varepsilon}U\psi\,dx=U_0\psi(a)\int_{-\varepsilon}^{\varepsilon}\delta(x)\,dx=U_0\psi(a)$$

となり，$\varepsilon\to 0$ の極限で (3.119) に対応して

$$-\frac{\hbar^2}{2m}\left[\left(\frac{d\psi}{dx}\right)_{a+\varepsilon}-\left(\frac{d\psi}{dx}\right)_{a-\varepsilon}\right]+U_0\psi(a)=0$$

と表される.これからわかるように,$\phi(a)$ が 0 でない限り $d\phi/dx$ は $x=a$ で不連続となる.このようなデルタ関数を含む例については,演習問題 3.5 を参照せよ.

例題 1 無限大のポテンシャル

量子力学の問題でよく無限大のポテンシャルを用いる場合がある.古典力学的に考えると,固い壁が存在することに相当する.このような無限大のポテンシャルがあるとき,波動関数に課せられる条件を導くため,図 3.8 に示すように,$U(x)$ を

$$U(x) = \begin{cases} 0 & (x<0) \\ U_0 & (x>0) \end{cases} \tag{3.120}$$

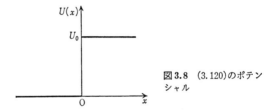

図 3.8 (3.120)のポテンシャル

と仮定しよう.ただし,U_0 は正の定数で,最後に $U_0 \to \infty$ の極限をとるものとする.$E>0$ とし,$E=\hbar^2\alpha^2/2m$ とおく.そうすると,$x<0$ における方程式は

$$\frac{d^2\phi}{dx^2} = -\alpha^2 \phi$$

となり,この解は

$$\phi = A\sin\alpha x + B\cos\alpha x \tag{3.121}$$

で与えられる.ただし,A, B は任意定数である.

一方,$x>0$ においては,$U_0=\hbar^2\beta^2/2m$ とおき

$$\frac{d^2\phi}{dx^2} = (\beta^2-\alpha^2)\phi$$

である．U_0 が非常に大きいときを考えているから，$\beta^2 > \alpha^2$ と考えてよい．したがって，上式の解は $\mathrm{e}^{\pm\sqrt{\beta^2-\alpha^2}\,x}$ と表される．ここで正符号をとると，$x \to \infty$ で $\psi \to \infty$ となり物理的に不合理である．よって，負符号をとる．こうして，$x > 0$ における解は，C を任意定数とし

$$\psi = C\,\mathrm{e}^{-\sqrt{\beta^2-\alpha^2}\,x} \tag{3.122}$$

となる．前に述べた波動関数の性質により，$x=0$ において ψ, $\mathrm{d}\psi/\mathrm{d}x$ は連続でなければならない．この条件から

$$B = C, \quad \alpha A = -\sqrt{\beta^2-\alpha^2}\,C \tag{3.123}$$

となる．$\beta \to \infty$ の極限では $C=0$ となり，さらに $B=0$ がえられる．このため $x=0$ において (3.121) も (3.122) も 0 となる．すなわち，ポテンシャルが ∞ になるところで波動関数は 0 となることがわかる．

なお，上のような波動関数の連続性を扱うとき

$$\frac{1}{\psi}\frac{\mathrm{d}\psi}{\mathrm{d}x} = \frac{\mathrm{d}}{\mathrm{d}x}\ln\psi \tag{3.124}$$

が連続であると考えてもよい．場合によっては，この方が計算は簡単になる．実例を後の例題 3 で示す．

例題 2　2 つの固い壁に囲まれた自由粒子

図 3.9 に示すように，$x=0$ と $x=L$ でポテンシャルが ∞ にな

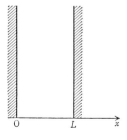

図 3.9　2 つの固い壁

っているとする．このような2つの固い壁に囲まれた自由粒子を考えると，$0<x<L$ で $U=0$ であるから，$E=\hbar^2\alpha^2/2m$ とおくと，例題1と同じように，ϕ は(3.121)で与えられる．$x=0$ で $\phi=0$ だから $B=0$ となり，また，$x=L$ で $\phi=0$ の条件から

$$A \sin \alpha L = 0 \qquad (3.125)$$

がえられる．$A \neq 0$ だから $\alpha L = \pi, 2\pi, 3\pi, \cdots$ と表される．したがって

$$\alpha = \frac{n\pi}{L} \qquad (n=1, 2, 3, \cdots) \qquad (3.126)$$

となり，エネルギー固有値は

$$E = \frac{\hbar^2}{2m}\frac{n^2\pi^2}{L^2} \qquad (n=1, 2, 3, \cdots) \qquad (3.127)$$

で与えられる．また，$0<x<L$ における固有関数は

$$\phi = A \sin \frac{n\pi}{L} x \qquad (3.128)$$

と表される．(3.39)の場合と異なり，この問題では，$n=0, -1, -2, \cdots$ などは許されない．なぜなら，(3.128)で $n=0$ とおくと ϕ は恒等的に0となるし，また n の符号を逆にすると ϕ の符号が逆になるだけで独立な解とはならぬからである．

例題3　井戸型ポテンシャル

図3.10で示すポテンシャル，すなわち

$$U(x) = \begin{cases} 0 & (|x|<a) \\ U_0 & (|x|>a) \end{cases} \qquad (3.129)$$

で定義されるポテンシャルを**井戸型ポテンシャル**(square well potential)という．古典的に考えると，$p^2/2m+U(x)=E$ の力学的エネルギー保存の法則により，$0<E<U_0$ の場合，粒子の運動は $|x|<a$ の範囲に限られる．すなわち，井戸の底から外に出るだ

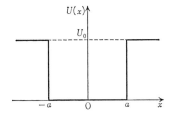

図 3.10 井戸型ポテンシャル

けのエネルギーがなければ井戸の中に留まるだけである．これに反し，量子力学の場合には，同じ条件下で波動関数が井戸の外にはみ出し，そこでの粒子の存在確率は 0 ではない．この事実は，粒子が波の性質をもつために起り，一般に，古典的には粒子の存在しえない領域に粒子のはみ出る現象を**トンネル効果**という．

いまの問題でのシュレーディンガー方程式は

$$-\frac{\hbar^2}{2m}\frac{d^2\phi(x)}{dx^2}+U(x)\phi(x) = E\phi(x) \qquad (3.130)$$

であるが，$U(x)$ が x の偶関数であることに注意し，上式で $x\to -x$ という変換を行ってみる．その結果

$$-\frac{\hbar^2}{2m}\frac{d^2\phi(-x)}{dx^2}+U(x)\phi(-x) = E\phi(-x) \qquad (3.131)$$

となる．すなわち，$\phi(-x)$ も (3.130) の解となり，もし (3.130) の独立な解が 1 個なら $\phi(-x)$ は $\phi(x)$ の定数倍である．これを $\phi(-x)=c\phi(x)$ と書く．ここで $x\to -x$ とおくと $\phi(x)=c\phi(-x)=c^2\phi(x)$ がえられる．したがって，$c^2=1$，故に $c=\pm 1$ となり，$\phi(-x)=\phi(x)$ か，または $\phi(-x)=-\phi(x)$ である．このように，$\phi(x)$ は x の偶関数または奇関数と仮定してよい．奇関数の場合は，演習問題 3.6 にゆずることにし，以下，偶関数の場合を取り扱う．

固有関数は偶関数とするから，$0<x$ の領域だけを考えればよ

い．そこでの解から $\phi(-x)=\phi(x)$ とすれば，$x<0$ の領域での解が自動的に求まるわけである．$x>a$ での方程式は

$$\frac{\hbar^2\beta^2}{2m} = U_0 - E \tag{3.132}$$

と β を定義すれば

$$\frac{d^2\phi}{dx^2} = \beta^2\phi \tag{3.133}$$

と表される．ただし，ここでは $0<E<U_0$ の場合を考えている．例題1の場合と同様に考え，(3.133)の解として

$$\phi = C e^{-\beta x} \qquad (a<x<\infty) \tag{3.134}$$

がえられる．次に $0<x<a$ の領域では

$$\frac{\hbar^2\alpha^2}{2m} = E \tag{3.135}$$

とおけば，ϕ に対する式は

$$\frac{d^2\phi}{dx^2} = -\alpha^2\phi \tag{3.136}$$

となる．(3.136)の一般解は(3.121)で与えられるが，偶関数を考えているので $\cos\alpha x$ の項だけをとる．すなわち，$0<x<a$ での解は

$$\phi = B\cos\alpha x \qquad (0<x<a) \tag{3.137}$$

となる．(3.124)にしたがい $d(\ln\phi)/dx$ が $x=a$ で連続になるようにする．(3.134),(3.137)からこの条件は

$$\beta = \alpha \tan\alpha a \tag{3.138}$$

と表される．

(3.132),(3.135),(3.138)からエネルギー固有値が求められるが，これらを見易い式に直すため

$$\beta a = y, \quad \alpha a = x \tag{3.139}$$

とおく(この x をこれまでの座標 x と混同してはいけない)．そ

うすると

$$y = x \tan x, \qquad x^2 + y^2 = \frac{2mU_0 a^2}{\hbar^2} \qquad (3.140)$$

がえられる．(3.140)を解析的に解くのは難しいが，図3.11を用いて，グラフ的に解を求めることが可能である．(3.134)で $\beta>0$ としているから $y>0$ の領域だけを考え，図のように $y=x\tan x$ の曲線と原点を中心とし半径 $(2mU_0a^2/\hbar^2)^{1/2}$ の円との交点を求めれば，その x 座標から(3.135)により E が求まる．U_0a^2 を大きくすると，この円の半径も大きくなり，交点が1個，2個，…とふえていく様子が理解できるであろう．

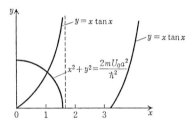

図3.11 (3.140)の図による解法

上でみたように，$0<E<U_0$ の場合，エネルギー固有値は飛び飛びの値をとる．また，固有関数は $x\to\pm\infty$ で指数関数的に小さくなり，粒子は井戸の底近傍に局在していることがわかる．このように，粒子が局在している状態を**束縛状態**(bound state)という．これに反して，簡単にわかることだが，$U_0<E$ のときには，$|x|>a$ で波動関数は平面波の形をもち，エネルギー固有値は連続的な値をもつ．このような固有値を**連続固有値**という．1つの粒子が他の粒子によって散乱されるような現象，すなわち粒子の散乱問題などを取り扱うときには，連続固有値が重要な意味をもつが，第6章でこの問題について簡単に触れることにする．

§4 1次元調和振動子

第1章,第2章において,それぞれ古典力学,前期量子論の立場から1次元調和振動子の問題を論じた.本節では同じ問題を量子力学の立場から考察する.分子の振動,固体の格子振動などで振幅が小さいときには,これらの振動を調和振動子として取り扱うことができる.これらの振動は,気体や固体の比熱,電気伝導,熱伝導などと密接に関連し,したがって調和振動子は現代物理学でも重要な意味をもっている.それと同時に,1次元調和振動子は量子力学で厳密解のえられる数少ない例の1つであり,いわば量子力学的解法の典型を提供する.そういう点で教訓的でもある.もちろん,実際の振動は3次元的に考えねばならないが,3次元調和振動子は結局1次元の問題に帰着することがわかる(演習問題3.7参照).以下,これまでと同様な記号を用い1次元調和振動子のシュレーディンガー方程式を論じていく.

ポテンシャル $U(x)$ は $U(x)=m\omega^2 x^2/2$ で与えられるから,(3.117)は

$$-\frac{\hbar^2}{2m}\frac{d^2\psi}{dx^2}+\frac{m\omega^2 x^2}{2}\psi = E\psi \tag{3.141}$$

と表される.この方程式を無次元の見易い方程式に直すため

$$x = b\xi, \quad \psi(x) = f(\xi) \tag{3.142}$$

という変換を行う.その結果,(3.141)は

$$-\frac{\hbar^2}{2mb^2}\frac{d^2 f}{d\xi^2}+\frac{m\omega^2 b^2 \xi^2}{2}f = Ef \tag{3.143}$$

となる.ここで

$$\frac{\hbar^2}{2mb^2} = \frac{m\omega^2 b^2}{2} \quad \therefore b = \left(\frac{\hbar}{m\omega}\right)^{1/2} \tag{3.144}$$

と b を決める.そうすると(3.143)は

§4 1次元調和振動子

$$-\frac{d^2 f}{d\xi^2} + \xi^2 f = \lambda f \tag{3.145}$$

と書ける.ただし,E と λ との間には

$$E = \frac{\hbar^2}{2mb^2}\lambda = \frac{\hbar\omega}{2}\lambda \tag{3.146}$$

の関係が成り立つ.

われわれの課題は,適当な条件下で(3.145)を解き,固有値 λ を決定することである.このため,まず $\xi \to \pm\infty$ の極限を考えてみよう.この極限では $\xi^2 \gg \lambda$ なので,(3.145)は

$$\frac{d^2 f}{d\xi^2} \simeq \xi^2 f \tag{3.147}$$

と近似される.また,上式の漸近解は

$$f \simeq e^{\pm \xi^2/2} \tag{3.148}$$

で与えられる.ただし,任意定数は1とおいた.実際,(3.148)から

$$\frac{d}{d\xi}(e^{\pm \xi^2/2}) = \pm \xi\, e^{\pm \xi^2/2}$$

$$\frac{d^2}{d\xi^2}(e^{\pm \xi^2/2}) = \xi^2 e^{\pm \xi^2/2} \pm e^{\pm \xi^2/2}$$

となり,$\xi \to \infty$ の極限で,(3.148)が(3.147)の解になっていることがわかる.

(3.148)の指数関数の肩で正符号をとると,$\xi \to \pm\infty$ で $f(\xi) \to \infty$ となり,粒子の存在確率が発散してしまう.こういうことは物理的にありえないから,負符号をとらねばならない.そこで

$$f(\xi) = u(\xi)\, e^{-\xi^2/2} \tag{3.149}$$

とおき,新たに u という関数を導入する.f に対する方程式は(3.145)で与えられるが,上式で定義された u に対する方程式を導くため,(3.149)を ξ で微分すると

$$\frac{\mathrm{d}f}{\mathrm{d}\xi} = \frac{\mathrm{d}u}{\mathrm{d}\xi}\mathrm{e}^{-\xi^2/2} - \xi u\, \mathrm{e}^{-\xi^2/2}$$

$$\frac{\mathrm{d}^2 f}{\mathrm{d}\xi^2} = \frac{\mathrm{d}^2 u}{\mathrm{d}\xi^2}\mathrm{e}^{-\xi^2/2} - 2\frac{\mathrm{d}u}{\mathrm{d}\xi}\xi\, \mathrm{e}^{-\xi^2/2} - u\,\mathrm{e}^{-\xi^2/2} + u\xi^2\,\mathrm{e}^{-\xi^2/2}$$

がえられる.上の $\mathrm{d}^2 f/\mathrm{d}\xi^2$ の式と (3.149) を (3.145) に代入すると,u に対する方程式は次のようになる.

$$\frac{\mathrm{d}^2 u}{\mathrm{d}\xi^2} - 2\xi\frac{\mathrm{d}u}{\mathrm{d}\xi} + (\lambda - 1)u = 0 \qquad (3.150)$$

(3.150) を解くため,u は ξ のべき級数で展開できると仮定し

$$u = c_0 + c_1\xi + c_2\xi^2 + \cdots = \sum_{s=0}^{\infty} c_s \xi^s \qquad (3.151)$$

とおく.これを ξ で微分すると

$$\frac{\mathrm{d}u}{\mathrm{d}\xi} = c_1 + 2c_2\xi + 3c_3\xi^2 + \cdots = \sum_{s=0}^{\infty} s c_s \xi^{s-1}$$

$$\frac{\mathrm{d}^2 u}{\mathrm{d}\xi^2} = 2c_2 + 2\cdot 3c_3\xi + \cdots = \sum_{s=0}^{\infty} (s+1)(s+2)c_{s+2}\xi^s$$

となり,これらを (3.150) に代入すると

$$\sum_{s=0}^{\infty}(s+1)(s+2)c_{s+2}\xi^s - \sum_{s=0}^{\infty}(2s+1-\lambda)c_s\xi^s = 0$$

である.左辺が 0 になるためには,$\xi^s\,(s=0, 1, 2, \cdots)$ の係数がすべて 0 でなければならない.すなわち

$$(s+1)(s+2)c_{s+2} = (2s+1-\lambda)c_s \qquad (3.152)$$

が成立する必要がある.

(3.152) からわかるように,c_{s+2} は c_s で表される.このため,c_0 を与えると,$c_2, c_4, \cdots$ などは c_0 で,同様に,$c_3, c_5, \cdots$ などは c_1 で表される.その結果,(3.151) の u は

$$u(\xi) = c_0 u_\mathrm{e}(\xi) + c_1 u_\mathrm{o}(\xi) \qquad (3.153)$$

と書けることがわかる.ここで $u_\mathrm{e}(\xi)$, $u_\mathrm{o}(\xi)$ はそれぞれ,ξ の偶関数,奇関数で,その最初の数項を具体的に計算すると

§4 1次元調和振動子

$$u_e(\xi) = 1 + \frac{1-\lambda}{2!}\xi^2 + \frac{(1-\lambda)(5-\lambda)}{4!}\xi^4 + \cdots \quad (3.154)$$

$$u_o(\xi) = \xi + \frac{3-\lambda}{3!}\xi^3 + \frac{(3-\lambda)(7-\lambda)}{5!}\xi^5 + \cdots \quad (3.155)$$

がえられる．いまの場合，ポテンシャルは x の偶関数であるから，§3の例題3で用いた論法がそのまま適用できる．すなわち，固有関数は偶関数または奇関数と仮定してよい．しかし，以下の議論では(3.153)の一般的な形を用いることにしよう．一言注意しておくと，(3.150)は2階の微分方程式なので，その一般解は2個の任意定数を含む．それらが c_0 と c_1 というわけである．

(3.152)でもし

$$\lambda = 2n+1 \qquad (n=0,1,2,\cdots) \quad (3.156)$$

であれば，c_{n+2} は0となり，以下，同様で，$c_{n+2}=c_{n+4}=\cdots=0$ がえられる．この場合，u は ξ の n 次の多項式になる．例えば，$n=3$，すなわち $\lambda=7$ のときには(3.155)で $u_o(\xi)$ は ξ^3 の項で打ち切りとなり，ξ^5 以上の項は0となる．しかし，この $\lambda=7$ を(3.154)に代入すると，こんなことは起らず $u_e(\xi)$ は無限級数となる．このような λ の特定な値に話を限定しないで，とにかく $u_e(\xi)$ が無限級数になる場合を考え，その振舞いを調べる．$u_e(\xi)$ は ξ の偶数べきを含むので(3.152)で $s=2r$ とおく．そうすると

$$c_{2(r+1)} = \frac{4r+1-\lambda}{(2r+1)(2r+2)}c_{2r} \quad (3.157)$$

がえられる．ここで $r\to\infty$ の極限を考えると

$$c_{2(r+1)} \simeq \frac{1}{r+1}c_{2r} \quad (3.158)$$

であることがわかる．あるいはもう少し正確にいうと，十分大きな正の整数 R が存在し，$r>R$ なら(3.158)が成り立つと考えてよい．したがって，κ を1より少し小さい数とすれば

$$c_{2(r+1)} > \frac{\kappa}{r+1} c_{2r} \qquad (r>R) \tag{3.159}$$

の不等式が成立することになる.ここでは,便宜上

$$\frac{1}{2} < \kappa < 1 \tag{3.160}$$

であるとする.(3.159)の不等式をくり返し使うと

$$c_{2r} > \frac{\kappa}{r} c_{2(r-1)} > \frac{\kappa^2}{r(r-1)} c_{2(r-2)} > \cdots > \frac{\kappa^{r-R}}{r(r-1)\cdots(R+1)} c_{2R}$$

がえられる.さらに $c_{2R} = \kappa^R A/R!$ (A は定数)とおけば,結局

$$c_{2r} > \frac{\kappa^r A}{r!} \qquad (r>R) \tag{3.161}$$

の不等式が導かれたことになる.

さて,$u_e(\xi)$ は $\sum c_{2r} \xi^{2r}$ で与えられるが,この無限和のうち,$r>R$ に対しては(3.161)が適用できる.そのさい ξ^{2r} は正数である点に注意しよう.一方,$r \leq R$ に対しては(3.161)は使えない.よって,$u_e(\xi)$ に対して次の不等式が成り立つ.

$$u_e(\xi) > \sum_{r=0}^{R} c_{2r} \xi^{2r} + \sum_{r=R+1}^{\infty} \frac{\kappa^r A}{r!} \xi^{2r}$$
$$= \sum_{r=0}^{R} \left(c_{2r} - \frac{\kappa^r A}{r!}\right) \xi^{2r} + \sum_{r=0}^{\infty} \frac{\kappa^r A}{r!} \xi^{2r}$$

2段目の第1項はとにかく ξ に対する多項式なので,これを簡単に(多項式)と書く.また,第2項は指数関数で表される.このようにして

$$u_e(\xi) > (\text{多項式}) + A\, e^{\kappa \xi^2}$$

となり,これを(3.149)に代入すると

$$f(\xi) > [(\text{多項式}) + A\, e^{\kappa \xi^2}] e^{-\xi^2/2}$$

と表される.

上式中に含まれる $e^{(\kappa-1/2)\xi^2}$ の項は,(3.160)により,$|\xi| \to \infty$ で

無限大となり，物理的に不合理な結果を導く．したがって，$u_e(\xi)$ が無限級数になる場合は物理的理由により除外しなければならない．以上と同様な議論により，$u_o(\xi)$ が無限級数になる場合も除外する必要がある（読者自身で確かめてみよ）．

ここで話を前に戻し，(3.156)が成立しないとする．このときには，u_e も u_o も無限級数となり，上述の理由によりこの場合は除外しなければならない．次に(3.156)が成り立つとし，例えば $\lambda=7$ としよう．前に注意したように，このときには，u_o は多項式，u_e は無限級数となる．u_e を除外するということは(3.153)で $c_0=0$ とおくことを要求する．u_e が多項式，u_o が無限級数の場合も同様である．以上の議論をまとめると，結論として，λ は (3.156)で与えられ，その場合の $u(\xi)$ は ξ に関する n 次の多項式である．このようにして，λ が求まったので，(3.156)を(3.146)に代入すると，エネルギー固有値は

$$E = \hbar\omega\left(n+\frac{1}{2}\right) \qquad (n=0,1,2,\cdots) \qquad (3.162)$$

と表される．したがって，エネルギー準位は，図3.12で示したようになる．この準位は，図2.9をそのまま上方に $\hbar\omega/2$ だけずら

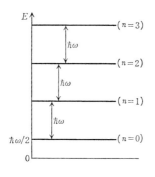

図3.12 1次元調和振動子のエネルギー固有値

したものと一致する．(3.162)で $n=0$ とおいた最低エネルギー $\hbar\omega/2$ を **ゼロ点エネルギー**(zero point energy)という．このエネルギーは不確定性原理と密接な関係をもつが，その点については第4章で述べる．

エルミートの多項式

(3.156)を(3.150)に代入すると，u に対する方程式は

$$\frac{d^2 u}{d\xi^2} - 2\xi \frac{du}{d\xi} + 2nu = 0 \tag{3.163}$$

となる．ところで上と同形の

$$\frac{d^2 H_n}{d\xi^2} - 2\xi \frac{dH_n}{d\xi} + 2nH_n = 0 \tag{3.164}$$

の微分方程式を満たす ξ の n 次の多項式 $H_n(\xi)$ を**エルミート**(C. Hermite, 1822〜1901)**の多項式**という．これまで考えてきた $u(\xi)$ がエルミートの多項式で表されることは明らかである．

エルミートの多項式は，次のように**母関数**(generating function)を用いて定義される．いま，母関数

$$S(\xi, t) = e^{-t^2 + 2\xi t} \tag{3.165}$$

を考え，これを展開すると

$$S(\xi, t) = 1 - t^2 + 2\xi t + \frac{1}{2!}(-t^2 + 2\xi t)^2 + \cdots$$

$$= 1 + 2\xi t + \frac{1}{2!}(4\xi^2 - 2)t^2 + \cdots \tag{3.166}$$

となる．一般に，$S(\xi, t)$ を ξ, t で展開すると $t^{2m}(\xi t)^l$ という項が現れ，一般項は $C_{pq}\xi^p t^q$ の形をもち $p \leq q$ である．よって

$$S(\xi, t) = e^{-t^2 + 2\xi t} = \sum_{n=0}^{\infty} \frac{H_n(\xi)}{n!} t^n \tag{3.167}$$

で $H_n(\xi)$ を定義すれば $H_n(\xi)$ は ξ の n 次の多項式である．この $H_n(\xi)$ がエルミートの多項式である．(3.166)からわかるように，

§4　1次元調和振動子

$n=0,1,2$ に対するエルミートの多項式は
$$H_0(\xi) = 1, \quad H_1(\xi) = 2\xi, \quad H_2(\xi) = 4\xi^2 - 2$$
である.

(3.167)で定義された $H_n(\xi)$ が確かに(3.164)の解になっていることを示す．まず，(3.167)を ξ で偏微分すると
$$2t\,e^{-t^2+2\xi t} = 2\sum_{n=0}^{\infty} \frac{H_n(\xi)}{n!}t^{n+1} = \sum_{n=0}^{\infty} \frac{H_n'(\xi)}{n!}t^n$$
となる．ただし，ダッシュは微分を表す．上式で t^n の係数を比較すると
$$H_n'(\xi) = 2nH_{n-1}(\xi) \tag{3.168}$$
がえられる．このように，n の違ったエルミートの多項式を結びつける関係を**漸化式**(recursion formula)という．同様に，(3.167)を t で偏微分すると
$$\sum_{n=0}^{\infty} \frac{(-2t+2\xi)}{n!}H_n(\xi)t^n = \sum_{n=0}^{\infty} \frac{H_n(\xi)}{(n-1)!}t^{n-1}$$
となり，t^n の係数を比較して
$$H_{n+1}(\xi) = 2\xi H_n(\xi) - 2nH_{n-1}(\xi) \tag{3.169}$$
の漸化式をえる．(3.169)を ξ で微分すると
$$H_{n+1}'(\xi) = 2H_n(\xi) + 2\xi H_n'(\xi) - 2nH_{n-1}'(\xi)$$
であるが，(3.168)を用いると
$$2(n+1)H_n(\xi) = 2H_n(\xi) + 2\xi H_n'(\xi) - H_n''(\xi)$$
となり，これを整理すれば
$$H_n''(\xi) - 2\xi H_n'(\xi) + 2nH_n(\xi) = 0$$
である．これは(3.164)に他ならない．

規格化された固有関数

(3.149)から，1次元調和振動子の n 番目のエネルギー固有値 $\hbar\omega(n+1/2)$ に対応する固有関数は，$H_n(\xi)\,e^{-\xi^2/2}$ に比例することが

わかる.ただし,$n=0,1,2,\cdots$ である.この固有関数を規格化するため,次の積分

$$G(s,t) = \int_{-\infty}^{\infty} S(\xi,s)S(\xi,t)\, e^{-\xi^2}\, d\xi \qquad (3.170)$$

を考える.この式の S にエルミートの多項式を使った展開式を代入し,積分を項別に行うと

$$G(s,t) = \sum_{m=0}^{\infty}\sum_{n=0}^{\infty}\frac{s^m t^n}{m!\,n!}\int_{-\infty}^{\infty} H_m(\xi)H_n(\xi)\, e^{-\xi^2}\, d\xi \qquad (3.171)$$

と表される.一方,(3.167)の S に対する2番目の式を直接代入すると

$$G(s,t) = \int_{-\infty}^{\infty} e^{-s^2-t^2+2\xi s+2\xi t-\xi^2}\, d\xi = e^{2st}\int_{-\infty}^{\infty} e^{-(\xi-s-t)^2}\, d\xi$$

と表される.最後の積分で $\xi-s-t=\xi'$ と,ξ から ξ' に積分変数の変換を行い

$$\int_{-\infty}^{\infty} e^{-\xi'^2}\, d\xi' = \sqrt{\pi} \qquad (3.172)$$

の公式を用いると

$$G(s,t) = \sqrt{\pi}\, e^{2st} = \sqrt{\pi}\sum_{m=0}^{\infty}\frac{2^m s^m t^m}{m!} \qquad (3.173)$$

がえられる.(3.171)と(3.173)の $s^m t^n$ の係数を比較すると,(3.173)では $m=n$ の項だけが現れるから,$m\neq n$ なら

$$\int_{-\infty}^{\infty} H_m(\xi)H_n(\xi)\, e^{-\xi^2}\, d\xi = 0 \qquad (m\neq n) \qquad (3.174\text{a})$$

となる.これに対して,$m=n$ であれば

$$\int_{-\infty}^{\infty}[H_n(\xi)]^2\, e^{-\xi^2}\, d\xi = 2^n n!\sqrt{\pi} \qquad (3.174\text{b})$$

が成り立つ.

(3.142)により n 番目の固有関数 $\psi_n(x)$ は

$$\phi_n(x) = f_n(\xi) = A_n H_n(\xi)\,e^{-\xi^2/2} \tag{3.175}$$

と表される．規格化の条件は

$$\int_{-\infty}^{\infty} |\phi_n(x)|^2\,dx = 1$$

であるから，定数 A_n を実数とし，$dx = b\,d\xi$ を使うと

$$A_n{}^2 b \int_{-\infty}^{\infty} [H_n(\xi)]^2 e^{-\xi^2}\,d\xi = 1$$

となり，これに (3.174 b) を代入すると A_n は

$$A_n{}^2 b \cdot 2^n n!\sqrt{\pi} = 1 \qquad \therefore\ A_n = \frac{1}{(2^n n!)^{1/2}\pi^{1/4}b^{1/2}} \tag{3.176}$$

と求まる．(3.144) の b の定義式を思い出すと，1次元調和振動子の n 番目の規格化された固有関数は

$$\phi_n(x) = \frac{1}{(2^n n!)^{1/2}\pi^{1/4}}\left(\frac{m\omega}{\hbar}\right)^{1/4} H_n(\xi)\,e^{-\xi^2/2} \tag{3.177}$$

$$x = \left(\frac{\hbar}{m\omega}\right)^{1/2}\xi \tag{3.178}$$

で与えられる．(3.174 a) に注意すると

$$\int_{-\infty}^{\infty} \phi_m{}^*(x)\phi_n(x)\,dx = \delta_{mn} \tag{3.179}$$

が成り立ち，$\phi_0, \phi_1, \phi_2, \cdots$ の関数系は規格直交系をつくることがわかる．参考のため，$n=0, 1$ に対する $\phi(x)$ と粒子の存在確率 $\phi^2(x)$ の概略図を図 3.13 に示す．$n=0$ のゼロ点振動では $\phi^2(x) \propto e^{-\xi^2}$ となり確率分布はガウス分布として表される．

§5 エーレンフェストの定理

これまで主として，時間によらないシュレーディンガー方程式を考察してきた．この方程式は時間を含まないため，それが古典力学における運動の法則とどのように結びつくかを理解するのは

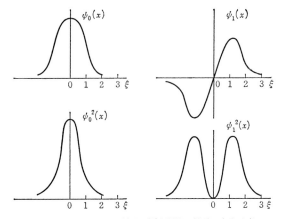

図3.13 $n=0, 1$ に対する固有関数と粒子の存在確率

困難である.これに反し,時間を含んだシュレーディンガー方程式を用いると,適当な条件下で量子力学の法則から古典力学の運動方程式が導かれることがわかる.これを**エーレンフェスト**(P. Ehrenfest, 1880～1933)**の定理**という.この定理は,量子力学と古典力学との関係を明らかにする点で興味深い.

まず,量子力学の立場では,古典的な粒子がどのように表されるかを考えてみよう.古典力学では,例えば質点というのは数学的な点と考える.しかし,量子力学では粒子の確率分布が問題になるので,粒子といっても点ではなく,ある点を中心とし小さな広がりをもつドゥ・ブローイー波として記述されるであろう.このように,ある点の近傍だけに集中し,それ以外では0であるような波を**波束**(wave packet)という(図3.14).以下,質量 m の粒子が外場のポテンシャル U の中にあるとし,粒子を表すと考えられる波束の運動を考えていく.(3.67)の法則により,粒子の x 座標の平均値 $\bar{x}$ は

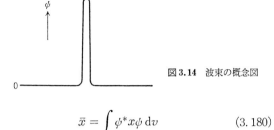

図 3.14 波束の概念図

$$\bar{x} = \int \phi^* x \phi \, \mathrm{d}v \tag{3.180}$$

と表される．ただし，積分は全空間にわたる体積積分を意味する．また，波動関数 $\phi(x,y,z,t)$ は，時間を含んだシュレーディンガー方程式，(3.28)，すなわち

$$-\frac{\hbar}{i}\frac{\partial \phi}{\partial t} = -\frac{\hbar^2}{2m}\Delta\phi + U\phi \tag{3.181}$$

にしたがい，時間，空間的に変化していく．(3.180) の ϕ が t を含むから，当然 $\bar{x}$ は t の関数となる．これを t で微分すると，

$$\frac{\mathrm{d}\bar{x}}{\mathrm{d}t} = \int \phi^* x \frac{\partial \phi}{\partial t} \, \mathrm{d}v + \int \frac{\partial \phi^*}{\partial t} x \phi \, \mathrm{d}v \tag{3.182}$$

となる．(3.181) で，t, x, y, z, U が実数であることに注意し，この式の共役複素数をとると

$$\frac{\hbar}{i}\frac{\partial \phi^*}{\partial t} = -\frac{\hbar^2}{2m}\Delta\phi^* + U\phi^* \tag{3.183}$$

がえられる．(3.181), (3.183) を (3.182) に代入すると，U を含む項は消え

$$\frac{\mathrm{d}\bar{x}}{\mathrm{d}t} = \frac{i\hbar}{2m}\int [x\phi^*\Delta\phi - x\phi\Delta\phi^*] \, \mathrm{d}v \tag{3.184}$$

と表される．

(3.184) を変形するため，部分積分で (3.113) を処理したのと同じ方法を使う．われわれは波束を考えているから，$x \to \pm\infty$ で ϕ

$=0$ が成り立ち,したがって,例えば

$$\int x\psi^* \frac{\partial^2 \psi}{\partial x^2}\, \mathrm{d}v = \int \frac{\partial^2 (x\psi^*)}{\partial x^2} \psi\, \mathrm{d}v$$

と表され,同様に

$$\int x\psi^* \frac{\partial^2 \psi}{\partial y^2}\, \mathrm{d}v = \int \frac{\partial^2 (x\psi^*)}{\partial y^2} \psi\, \mathrm{d}v$$

$$\int x\psi^* \frac{\partial^2 \psi}{\partial z^2}\, \mathrm{d}v = \int \frac{\partial^2 (x\psi^*)}{\partial z^2} \psi\, \mathrm{d}v$$

となる.$\partial^2(x\psi^*)/\partial x^2 = x\partial^2\psi^*/\partial x^2 + 2\partial\psi^*/\partial x$ の関係を使い,上の3式を加えると

$$\int x\psi^* \Delta\psi\, \mathrm{d}v = \int \left(x\psi \Delta\psi^* + 2\frac{\partial \psi^*}{\partial x}\psi \right) \mathrm{d}v$$

がえられる.この関係を(3.184)に代入し,再び部分積分を利用すると

$$\frac{\mathrm{d}\bar{x}}{\mathrm{d}t} = \frac{1}{m}\int \psi^* \frac{\hbar}{i}\frac{\partial}{\partial x}\psi\, \mathrm{d}v \tag{3.185}$$

が導かれる.ここで(3.114),すなわち

$$\overline{p_x} = \frac{\hbar}{i}\int \psi^* \frac{\partial \psi}{\partial x}\, \mathrm{d}v \tag{3.186}$$

に注意すると,(3.185)は

$$\frac{\mathrm{d}\bar{x}}{\mathrm{d}t} = \frac{\overline{p_x}}{m} \tag{3.187}$$

と書ける.同様な式が,y, z 方向に対しても成立し,ベクトル記号で表すと

$$\frac{\mathrm{d}\bar{\boldsymbol{r}}}{\mathrm{d}t} = \frac{\bar{\boldsymbol{p}}}{m} \tag{3.188}$$

となる.これは古典力学における $\mathrm{d}\boldsymbol{r}/\mathrm{d}t = \boldsymbol{p}/m$ に相当する式で,位置ベクトル,運動量の量子力学的な平均値に対し古典論と同じ関係の成り立つことを示す.

次に，運動量の x 成分の平均値 $\overline{p_x}$ に対する運動方程式を導こう．(3.186) を t で微分し，(3.181), (3.183) を用いると

$$\frac{\mathrm{d}\overline{p_x}}{\mathrm{d}t} = \frac{\hbar}{i}\int \left(\phi^* \frac{\partial^2 \phi}{\partial x \partial t} + \frac{\partial \phi^*}{\partial t}\frac{\partial \phi}{\partial x}\right)\mathrm{d}v$$

$$= \int \left[\phi^* \frac{\partial}{\partial x}\left(\frac{\hbar^2 \Delta \phi}{2m} - U\phi\right) + \frac{\partial \phi}{\partial x}\left(-\frac{\hbar^2 \Delta \phi^*}{2m} + U\phi^*\right)\right]\mathrm{d}v$$

となる．ここで

$$\frac{\partial}{\partial x}\Delta\phi = \Delta\frac{\partial \phi}{\partial x}$$

の関係に注意し，前と同様，部分積分を利用すると

$$\int \phi^* \frac{\partial \Delta \phi}{\partial x}\,\mathrm{d}v = \int \phi^* \Delta\left(\frac{\partial \phi}{\partial x}\right)\mathrm{d}v = \int \frac{\partial \phi}{\partial x}\Delta\phi^*\,\mathrm{d}v$$

がえられる．よって

$$\frac{\mathrm{d}\overline{p_x}}{\mathrm{d}t} = -\int \phi^* \left[\frac{\partial(U\phi)}{\partial x} - U\frac{\partial \phi}{\partial x}\right]\mathrm{d}v$$

$$= -\int \phi^* \frac{\partial U}{\partial x}\phi\,\mathrm{d}v$$

と表される．最後の式は，$-\partial U/\partial x$ の量子力学的な平均値である．これをいままでと同様，バーをつけて表示すると

$$\frac{\mathrm{d}\overline{p_x}}{\mathrm{d}t} = -\overline{\frac{\partial U}{\partial x}} \tag{3.189}$$

と書ける．図 3.15 に示すように，波束の広がりが十分小さく，

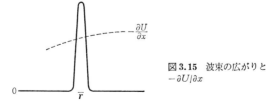

図 3.15 波束の広がりと $-\partial U/\partial x$

波束の中で $-\partial U/\partial x$ がほぼ一定とみなすことができれば

$$-\overline{\frac{\partial U}{\partial x}} = -\int \phi^* \frac{\partial U}{\partial x} \phi \, \mathrm{d}v \simeq -\frac{\partial U}{\partial x} \int \phi^* \phi \, \mathrm{d}v$$
$$= -\frac{\partial U}{\partial x} \qquad (3.190)$$

と考えることができる. ただし, ϕ は規格化されているとした. 同じように, 波束の広がりが十分小さいと, $\bar{r}$ はその波束の位置 r を表すと考えられる. 上の $-\partial U/\partial x$ はその r における値である. このように, 波束を古典的な粒子に対応させ, $\bar{p}$ は粒子の運動量 p であるとすれば, (3.188)および(3.189), (3.190)をベクトル的に拡張した関係とから

$$\frac{\mathrm{d}r}{\mathrm{d}t} = \frac{p}{m}, \qquad \frac{\mathrm{d}p}{\mathrm{d}t} = -\nabla U \qquad (3.191)$$

となり, 古典力学の運動方程式が導かれたことになる.

このように, 波束の内部で力 $-\nabla U$ がほぼ一定であれば量子力学の法則は古典力学の運動方程式に帰着するのである. したがって, 量子力学は, 古典力学を特別な場合として含む, より広い力学体系であることがわかる.

演 習 問 題

3.1 周期的境界条件にしたがう1次元の自由粒子を前期量子論の立場で論じ, そのエネルギー準位を決定せよ.

3.2 水素原子の基底状態において, 陽子, 電子間の距離 r に対する分布関数を $P(r)$ とする. r の関数として $P(r)$ を表す概略図を描け. また, $P(r)$ が極大になるときの r の値を求めよ.

3.3 水素原子の基底状態に対し r^n ($n = -2, -1, 0, 1, \cdots$) の量子力学的な平均値を求めよ. また, この状態における電子の位置エネルギー, 運動エネルギーの平均値はそれぞれいくらか.

演習問題

3.4 aを正の定数とするとき,デルタ関数 $\delta(x)$ に対し
$$\delta(ax) = \frac{1}{a}\delta(x)$$
の関係が成り立つことを示せ.

3.5 一直線上を運動する質量 m の粒子に $-U_0\delta(x)$ のポテンシャルが働くとする.ただし,$U_0>0$ とする.このときの粒子の束縛状態について論ぜよ.

3.6 本文中で論じた井戸型ポテンシャルの問題で,固有関数が奇関数のときエネルギー固有値はどのようにして決められるか.

3.7 3次元調和振動子の問題は1次元調和振動子の問題に帰着することを示せ.

3.8 1次元調和振動子の規格化された固有関数を $\psi_n(x)$ とするとき
$$x\psi_n(x) = b\left[\sqrt{\frac{n}{2}}\,\psi_{n-1}(x) + \sqrt{\frac{n+1}{2}}\,\psi_{n+1}(x)\right]$$
が成り立つことを示せ.また,上式を利用し,次の積分
$$x_{mn} = \int_{-\infty}^{\infty}\psi_m{}^*(x)\,x\psi_n(x)\,\mathrm{d}x$$
を計算せよ.

第4章　量子力学の一般原理

§1　物理量と演算子
(1) 物理量と演算子との関係

これまでの章で断片的に述べてきたように，量子力学では物理量を単なる数としてではなく，演算子として表す．ここでは，物理量と演算子との関係について述べていく．念のため，これまで学んだことで，いまの問題と関連する若干の事項を復習しておこう．

量子力学では例えば運動量 $\boldsymbol{p}$ を演算子 $(\hbar/i)\nabla$ で表現するが，この x 成分を考えたとき，もし

$$\frac{\hbar}{i}\frac{\partial}{\partial x}\phi = p'\phi$$

が成立すれば(p' は c 数)，この状態 ϕ では運動量の x 成分が確定値 p' をもつ．同じように

$$H\phi = E\phi$$

が成り立てば，ϕ の状態でハミルトニアン(力学的エネルギー)の測定を行うと，確定値 E がえられる．このような事例を一般化すると，次の法則が導かれる．

量子力学では，物理量は適当な演算子(あるいは**作用素**ともいう)で表される．この演算子を Q としたとき，もし

$$Q\phi = \lambda\phi \tag{4.1}$$

が成立すれば(λ は c 数)，ϕ で表される状態では物理量 Q は確定値 λ をもつ．また，λ を Q の固有値という．

もちろん Q としてなにをとるかは考える物理量によって異な

§1 物理量と演算子

る.運動量,エネルギーについてはすでに学んだが,もっとも重要な位置についてはこれまで触れなかった.これについては,粒子の x, y, z 座標は単なるかけ算として表されることがしられている.すなわち,波動関数に x, y, z 座標を作用させたものは

$$x\phi, \quad y\phi, \quad z\phi \tag{4.2}$$

と表現される.これを使うと,例えば座標 x が確定値 x' をもつ状態は $\delta(x-x')$ と書ける.なぜなら

$$x\delta(x-x') = x'\delta(x-x') \tag{4.3}$$

が成立するからである.

物理量を表す演算子はまったく勝手なものではなく,それにはいくつかの制限が課せられる.これについては順次説明していくが,まず,演算子は**線型**である(linear)ことが要求される.すなわち,任意の波動関数 ϕ_1, ϕ_2 に対し

$$Q(\phi_1+\phi_2) = Q\phi_1+Q\phi_2 \tag{4.4}$$

でなければならない.また,任意定数 c に対して

$$Q(c\phi) = cQ\phi \tag{4.5}$$

が成立せねばならない.(4.4),(4.5)をくり返し用いると,波動関数 $\phi_1, \phi_2, \cdots, \phi_n$ の1次結合 $c_1\phi_1+c_2\phi_2+\cdots+c_n\phi_n$ に対し($c_1, c_2, \cdots, c_n$ は任意定数)

$$Q(c_1\phi_1+c_2\phi_2+\cdots+c_n\phi_n) = c_1Q\phi_1+c_2Q\phi_2+\cdots+c_nQ\phi_n \tag{4.6}$$

が成立する.これまで述べてきた運動量,ハミルトニアン,座標などで(4.6)が正しいことは明らかである.後で述べるが,(4.6)の物理的意味は,波動関数に対して重ね合わせの原理が成り立つということである.

演算子の和と積

2つの演算子 P, Q があるとき,その和 $P+Q$ に対し

$$(P+Q)\psi = P\psi + Q\psi \tag{4.7}$$

が成り立つ．この定義はきわめて自然で，これ以上説明の必要はないであろう．ところが，演算子の積に関しては，注意を要する点がある．いま

$$Q\psi = \psi_1, \quad P\psi_1 = \psi_2 \tag{4.8}$$

であるとする．すなわち，ψ に Q を作用させると ψ_1 になり，この ψ_1 にさらに P を作用させると ψ_2 になる，というわけである．このとき，ψ から ψ_2 への変換は1つの演算子 R で表されるとし

$$\psi_2 = R\psi \tag{4.9}$$

と書く．この R が P と Q との積で

$$R = PQ \tag{4.10}$$

である．あるいは，(4.8), (4.9), (4.10) から

$$(PQ)\psi = P(Q\psi) \tag{4.11}$$

と表される．3つの演算子の積も同様に定義される．すなわち

$$R\psi = \psi_1, \quad Q\psi_1 = \psi_2, \quad P\psi_2 = \psi_3 \tag{4.12}$$

のとき

$$\psi_3 = (PQR)\psi \tag{4.13}$$

と書く．(4.12) から

$$P(QR)\psi = P\psi_2 = \psi_3$$
$$(PQ)R\psi = (PQ)\psi_1 = P(Q\psi_1) = P\psi_2 = \psi_3$$

となるから，次の結合則

$$P(QR) = (PQ)R \tag{4.14}$$

が成り立つ．

通常のかけ算では 2×4 は 4×2 に等しいが，演算子の積では，結果が演算の順序によって異なり，一般には

$$PQ \neq QP \tag{4.15}$$

である．たまたま $PQ=QP$ が成り立つとき，P と Q とは**交換可**

能あるいは簡単に**可換**という．(4.15)の1例として運動量のx成分p_xと座標xとを考えてみる．任意のϕに対し

$$p_x x\phi = \frac{\hbar}{i}\frac{\partial}{\partial x}(x\phi) = \frac{\hbar}{i}\left(x\frac{\partial \phi}{\partial x}+\phi\right) = xp_x\phi + \frac{\hbar}{i}\phi$$

すなわち

$$(p_x x - xp_x)\phi = \frac{\hbar}{i}\phi$$

となる．ϕはまったく任意であるから

$$p_x x - xp_x = \frac{\hbar}{i} \tag{4.16}$$

が成り立つ．このような式を**交換関係**という．交換関係を表すのに

$$[A, B] \equiv AB - BA \tag{4.17}$$

と定義し，これをAとBとの**交換子**(commutator)という．(4.17)の記号を使うと，(4.16)は

$$[p_x, x] = \frac{\hbar}{i} \tag{4.18}$$

と表される．同じようにして

$$[p_x, p_y] = 0, \quad [p_x, y] = 0, \quad [x, y] = 0 \tag{4.19}$$

などの関係が容易に導かれる．(4.18),(4.19)の物理的意味については§3で述べる．なお，交換子に関し，次の等式が成り立つ(演習問題4.1参照)．

$$[A+B, C] = [A, C] + [B, C] \tag{4.20}$$

$$[A, BC] = [A, B]C + B[A, C] \tag{4.21}$$

(2) エルミート演算子

観測しうる物理量は必ず実数であり，したがって(4.1)のλは実数でなければならない．このためには，演算子Qになんらかの制限が課せられるであろう．以下，この問題を論じていく．ま

ず,任意の演算子 P に注目し

$$\left(\int \phi_2{}^* P \phi_1 \, dv\right)^* = \int \phi_1{}^* P^\dagger \phi_2 \, dv \tag{4.22}$$

で定義される $P^\dagger$ を P の**エルミート共役**(Hermite conjugate)な演算子という.あるいは,(4.22)で $\phi_2{}^* P \phi_1 = \phi_2{}^*(P\phi_1)$ であることに注意し

$$\int (P\phi_1)^* \phi_2 \, dv = \int \phi_1{}^* P^\dagger \phi_2 \, dv \tag{4.23}$$

と書くこともできる.(4.22)の共役複素数をとり,再び(4.22)の定義を用いると

$$\int \phi_2{}^* P \phi_1 \, dv = \left(\int \phi_1{}^* P^\dagger \phi_2 \, dv\right)^* = \int \phi_2{}^* (P^\dagger)^\dagger \phi_1 \, dv$$

がえられる.上式は,任意の ϕ_1, ϕ_2 に対して成り立つ関係であるから

$$(P^\dagger)^\dagger = P \tag{4.24}$$

でなければならない.すなわち,ある演算子のエルミート共役のまたエルミート共役はもとの演算子に等しい.

(4.22)で記号を簡単化し

$$\int \phi_2{}^* P \phi_1 \, dv = \langle \phi_2 | P | \phi_1 \rangle \tag{4.25}$$

と書くと便利である.あるいは,とくに $P=1$ のときには

$$\int \varphi^* \psi \, dv = \langle \varphi | \psi \rangle \tag{4.26}$$

と表される.このような書き方をすると,(4.22)は

$$\langle \phi_2 | P | \phi_1 \rangle^* = \langle \phi_1 | P^\dagger | \phi_2 \rangle \tag{4.27}$$

となる.以上の記号はディラックの導入したもので,$\langle \psi |$ を**ブラ・ベクトル**,$|\psi\rangle$ を**ケット・ベクトル**という.これらの名前は,bracket(かっこ)の c をとり,前半,後半の部分から由来する.

(4.26)は，ブラ・ベクトルとケット・ベクトルのスカラー積を表すと考えてよい．また，(4.23)は，同様な記号を使うと

$$\langle P\phi_1|\phi_2\rangle = \langle \phi_1|P^\dagger|\phi_2\rangle \qquad (4.28)$$

と表される．このような記号を用いる1つの利点は，(4.27)または(4.28)が大変覚え易い形をもつということである．例えば，(4.27)は，複素共役 * をとるときブラとケットを入れかえ，演算子には † をつけると考えればよい．また，(4.28)はブラ中にある演算子を右に移動すると † がつくことを示している．

(4.27), (4.28)を用いると，以下に示すような，エルミート共役に関するいくつかの定理が導かれる．

定理1 任意の演算子 P, P' に対して

$$(PP')^\dagger = P'^\dagger P^\dagger \qquad (4.29)$$

が成り立つ．

証明 エルミート共役の定義より

$$\langle \phi_2|PP'|\phi_1\rangle^* = \langle \phi_1|(PP')^\dagger|\phi_2\rangle$$

である．一方，左辺は

$$\langle \phi_2|P|P'\phi_1\rangle^* = \langle P'\phi_1|P^\dagger|\phi_2\rangle = \langle \phi_1|P'^\dagger P^\dagger|\phi_2\rangle$$

と変形され，ϕ_1, ϕ_2 は任意であるから(4.29)が導かれる．

この定理の結果は

$$\langle \phi_2|PP'|\phi_1\rangle^* = \langle \phi_1|P'^\dagger P^\dagger|\phi_2\rangle \qquad (4.30)$$

と表される．* をとるとき，右から左へ並んでいたものをそのままの順序で左から右へと並べ換え，演算子には † をつけると考えれば，上式は覚え易い関係である．

ある演算子 Q のエルミート共役が Q 自身に等しいとき，すなわち

$$Q^\dagger = Q \qquad (4.31)$$

が成り立つとき，この Q を**エルミート演算子**という．このよう

な演算子の1例として，運動量の x 成分 p_x を考えてみる．これまで何回か用いた部分積分法を適用すると

$$\left\langle \phi_2 \left| \frac{\hbar}{i} \frac{\partial}{\partial x} \right| \phi_1 \right\rangle = \int \phi_2^* \frac{\hbar}{i} \frac{\partial \phi_1}{\partial x} \, \mathrm{d}v = -\frac{\hbar}{i} \int \phi_1 \frac{\partial \phi_2^*}{\partial x} \, \mathrm{d}v$$

$$= \left(\int \phi_1^* \frac{\hbar}{i} \frac{\partial \phi_2}{\partial x} \, \mathrm{d}v \right)^* = \left\langle \phi_1 \left| \frac{\hbar}{i} \frac{\partial}{\partial x} \right| \phi_2 \right\rangle^*$$

が導かれる．すなわち

$$\langle \phi_2 | p_x | \phi_1 \rangle = \langle \phi_1 | p_x | \phi_2 \rangle^* = \langle \phi_2 | p_x^\dagger | \phi_1 \rangle$$

となり，ϕ_1, ϕ_2 は任意なので $p_x^\dagger = p_x$ が成立する．したがって，p_x はエルミート演算子である．

以上の p_x に関する結果は単なる偶然ではない．というのは，量子力学では，すべての物理量はエルミート演算子として表されることが要求されるからである．その理由は，次の定理が成立するためである．

定理2 ある物理量がエルミート演算子で表されるならば，その物理量の固有値 λ は実数である．

証明 (4.1)の関係，すなわち $Q\phi = \lambda \phi$ から

$$\int \phi^* Q \phi \, \mathrm{d}v = \lambda \int \phi^* \phi \, \mathrm{d}v$$

となる．あるいは，上式は

$$\langle \phi | Q | \phi \rangle = \lambda \langle \phi | \phi \rangle$$

と書ける．この式の * をとり，Q がエルミート演算子であることおよび $\langle \phi | \phi \rangle^* = \langle \phi | \phi \rangle$ を使うと

$$\langle \phi | Q | \phi \rangle = \lambda^* \langle \phi | \phi \rangle$$

となり，したがって $(\lambda - \lambda^*)\langle \phi | \phi \rangle = 0$ がえられる．ϕ が恒等的に0でない限り $\langle \phi | \phi \rangle \neq 0$ である．よって，$\lambda^* = \lambda$ が成り立つ．すなわち，λ は実数である．

さらに，エルミート演算子 Q に対し次の定理が成立する．

定理 3 $Q\phi_1=\lambda_1\phi_1$, $Q\phi_2=\lambda_2\phi_2$ を満たす 2 つの関数 ϕ_1, ϕ_2 があるとき，もし $\lambda_1 \neq \lambda_2$ であれば

$$\langle \phi_2 | \phi_1 \rangle = 0 \tag{4.32}$$

である．

証明 $Q\phi_1=\lambda_1\phi_1$ から $\langle\phi_2|Q|\phi_1\rangle=\lambda_1\langle\phi_2|\phi_1\rangle$，また $Q\phi_2=\lambda_2\phi_2$ から $\langle\phi_1|Q|\phi_2\rangle=\lambda_2\langle\phi_1|\phi_2\rangle$ となる．λ_2 が実数であることを用い，最後の式の * をとると，$\langle\phi_2|Q|\phi_1\rangle=\lambda_2\langle\phi_2|\phi_1\rangle$ である．したがって

$$(\lambda_1-\lambda_2)\langle\phi_2|\phi_1\rangle = 0$$

となり，定理が証明される．

(4.32)はブラ・ベクトル $\langle\phi_2|$ とケット・ベクトル $|\phi_1\rangle$ とのスカラー積が 0 であることを示す．よって，この関係を ϕ_1 と ϕ_2 とは**エルミート直交**あるいは単に**直交**しているという．これまですでに，箱の中の自由粒子や 1 次元調和振動子の場合，(4.32)の直交関係を具体的に示してきた．箱の中の自由粒子では定理 3 の Q として運動量の x, y, z 成分を，また 1 次元調和振動子では Q としてハミルトニアン H をとれば，具体的な計算をするまでもなく，これまでの直交性が定理 3 から自動的に導かれる．

n 重の縮退

ある固有値 λ に対し，$Q\psi=\lambda\psi$ の独立な解が 1 個しかないとき，すなわち任意の解はある関数の定数倍で表されるとき，この状態は**縮退していない**という．これに反し，独立な解が 2 つ以上存在するとき，状態は**縮退している** (degenerate) という．例えば，固有値 λ に対し

$$Q\phi_1 = \lambda\phi_1, \quad Q\phi_2 = \lambda\phi_2, \quad \cdots, \quad Q\phi_n = \lambda\phi_n \tag{4.33}$$

を満たす独立な n 個の解が存在すれば，この状態は n 重に縮退しているという．また，n を**縮退度**という．ただし，ここで独立と

いうのは1次的独立の意味で，$\phi_1, \phi_2, \cdots, \phi_n$ のうちのどの1つをとっても，他の関数の1次結合では表せないということである．
ここで

$$\phi = c_1\phi_1 + c_2\phi_2 + \cdots + c_n\phi_n \tag{4.34}$$

という $\phi_1, \phi_2, \cdots, \phi_n$ の1次結合を考えると，この ϕ は $\phi_1, \phi_2, \cdots, \phi_n$ という波を重ね合わせたものであるから，当然，物理量 Q を測定したとき，この状態では確定値 λ がえられると期待されよう．これを保証するのが(4.6)の関係で，実際

$$Q\phi = Q(c_1\phi_1 + \cdots + c_n\phi_n) = c_1Q\phi_1 + \cdots + c_nQ\phi_n$$
$$= c_1\lambda\phi_1 + \cdots + c_n\lambda\phi_n = \lambda\phi$$

となり期待通りである．

縮退している状態の簡単な例として，演習問題3.7で取り扱った3次元調和振動子を考えてみる．この系のエネルギー固有値は，1次元調和振動子の値を3つ加えたもので

$$E = \hbar\omega\left(n_1 + n_2 + n_3 + \frac{3}{2}\right)$$
$$n_1, n_2, n_3 = 0, 1, 2, \cdots$$

と表される．エネルギー固有値 $(3/2)\hbar\omega$ の状態を考えると，$n_1 = n_2 = n_3 = 0$ と一義的に n が決まるから，この状態は縮退していない．しかし，エネルギーが $(5/2)\hbar\omega$ の固有状態では，可能な n の組合わせとして $(n_1=1, n_2=n_3=0)$，$(n_1=n_3=0, n_2=1)$，$(n_1=n_2=0, n_3=1)$ の3通りがあるので，この固有状態は3重に縮退していることになる．いいかえると，縮退度は3である．

このような縮退があるとき，関数の組を適当にえらび，規格直交系をつくることができる．そのためには，シュミット(E. Schmidt, 1876～1959)**の方法**を使うのが便利である．いま，$\phi_1, \phi_2, \cdots, \phi_n$ が任意に与えられた独立な(4.33)の解であるとしよう．

まず
$$\phi_1' = c\phi_1 \tag{4.35}$$
とおき
$$\langle \phi_1' | \phi_1' \rangle = 1 \tag{4.36}$$
になるよう定数 c を決める．次に，ϕ_2' を
$$\phi_2' = c_1\phi_1' + c_2\phi_2 \tag{4.37}$$
とし
$$\begin{aligned}\langle \phi_1' | \phi_2' \rangle &= c_1 + c_2 \langle \phi_1' | \phi_2 \rangle = 0 \\ \langle \phi_2' | \phi_2' \rangle &= 1\end{aligned} \tag{4.38}$$
の条件から定数 c_1, c_2 を決める．さらに
$$\phi_3' = d_1\phi_1' + d_2\phi_2' + d_3\phi_3 \tag{4.39}$$
とおき
$$\begin{aligned}\langle \phi_1' | \phi_3' \rangle &= d_1 + d_3 \langle \phi_1' | \phi_3 \rangle = 0 \\ \langle \phi_2' | \phi_3' \rangle &= d_2 + d_3 \langle \phi_2' | \phi_3 \rangle = 0 \\ \langle \phi_3' | \phi_3' \rangle &= 1\end{aligned} \tag{4.40}$$
の条件から定数 d_1, d_2, d_3 を決定する．以下，このような手続きをくり返すのがシュミットの方法であり，最終的に，ダッシュのついた関数について
$$\langle \phi_i' | \phi_j' \rangle = \delta_{ij} \tag{4.41}$$
を満足させることができる．(4.35), (4.37), (4.39) から明らかなように，ダッシュのついた関数は $Q\phi' = \lambda\phi'$ を満足する．定理3で述べたように，異なる固有値に属する関数は互いに直交しているし，また，シュミットの方法を使えば，縮退があっても，規格直交性を仮定して一般性を失わない．簡単のため (4.41) でダッシュをとると，全体の関数系は
$$\langle \phi_m | \phi_n \rangle = \delta_{mn} \tag{4.42}$$
を満足し，したがって規格直交系をつくるとしてよい．以下，

(4.42)が成り立つとして話を進める.

(3) 確率の法則

ある物理量を表す演算子 Q に対して

$$Q\psi_m = \lambda_m \psi_m, \qquad Q\psi_n = \lambda_n \psi_n \qquad (4.43)$$

が成り立つとする. 固有関数 ψ_m で表される状態で物理量 Q の測定をしたとき, 確定値 λ_m がえられることはすでに述べた通りである. 同様なことが ψ_n についてもいえる. ところで, ψ_m と ψ_n との1次結合

$$\psi = c_m \psi_m + c_n \psi_n \qquad (4.44)$$

で表される状態で, 物理量 Q の測定をしたらどんな結果がえられるのであろうか. もし, $\lambda_m \neq \lambda_n$ であれば, 縮退があるときとは違い, $Q\psi =$(定数)ψ とならないことは明らかである. よって, (4.44)の状態では, Q がある確定値をとるということはありえない.

ここで, 第2章のボーアの理論を思い出そう. この理論では, エネルギーの値は, エネルギー準位 $E_1, E_2, \cdots$ のいずれかの値をとると仮定した. この考えを拡張すると, 物理量 Q の固有値に適当な番号をつけて, それらを

$$\lambda_1, \lambda_2, \cdots, \lambda_n, \cdots$$

としたとき, 物理量 Q はこのうちのどれかの値をとると考えるのが自然である. (4.44)の ψ は, ψ_m と ψ_n とを含むから, 測定値としては λ_m か λ_n かがえられるであろう. そのさい, 次の**確率の法則**が成り立つ.

すなわち, 測定値が λ_m である確率は $|c_m|^2$ に比例し, また, 測定値が λ_n である確率は $|c_n|^2$ に比例する. いいかえると, 確率は展開係数の絶対値の2乗に比例するわけである. とくに, (4.44)の ψ が規格化されていれば, (4.42)を用い

$$\langle \phi | \phi \rangle = \int (c_m{}^* \psi_m{}^* + c_n{}^* \psi_n{}^*)(c_m \psi_m + c_n \psi_n)\,dv$$
$$= |c_m|^2 + |c_n|^2 = 1$$

が成り立つので,測定値が λ_m または λ_n である真の確率はそれぞれ $|c_m|^2$ または $|c_n|^2$ で与えられる.この結果を一般化すると次のようになる.

いま,ある物理量を表す演算子 Q に対し

$$Q\psi_m = \lambda_m \psi_m \tag{4.45}$$

が成り立つとする $(m=1, 2, 3, \cdots)$.ここで,$\psi_1, \psi_2, \psi_3, \cdots$ は規格直交系をつくるとし,これらの1次結合

$$\phi = c_1 \psi_1 + c_2 \psi_2 + \cdots \tag{4.46}$$

を考える.もし,ϕ が規格化されているならば,$\langle \phi | \phi \rangle = 1$ なので,(4.46)の展開係数 c は

$$|c_1|^2 + |c_2|^2 + \cdots = 1 \tag{4.47}$$

を満たす.このとき,(4.46)の ϕ で表される状態において,物理量が λ_m という値をとる確率は $|c_m|^2$ に等しい.このように,確率が展開係数の絶対値の2乗で表されることは,第3章で述べた粒子の存在確率(波動関数の絶対値の2乗)からも連想されるであろう.

例題 波動関数の運動量表示

上で述べた確率の法則の具体的な応用例として,第3章で学んだ運動量の確率分布を考え直してみる.いきなり全空間を相手にするとわかり難いので,1辺の長さ L の立方体の箱中でまず考え,最後に $L \to \infty$ の極限をとることにする.(3.65)で示したように,箱中で規格化された平面波は $V^{-1/2}\,e^{i\boldsymbol{k}\cdot\boldsymbol{r}}$ で与えられる.この関数は波数で表されているが,いま問題なのは運動量なので,波数 $\boldsymbol{k}$ を運動量 $\boldsymbol{p}$ に変換するため

$$\bm{k} = \frac{\bm{p}}{\hbar} \tag{4.48}$$

とおく．これにともない，上述の平面波は

$$\psi_{\bm{p}}(\bm{r}) = \frac{1}{\sqrt{V}} \mathrm{e}^{i\bm{p}\cdot\bm{r}/\hbar} \tag{4.49}$$

と表される．(4.49)に演算子としての運動量 $(\hbar/i)\nabla$ を作用させると

$$\frac{\hbar}{i}\nabla \psi_{\bm{p}}(\bm{r}) = \bm{p}\psi_{\bm{p}}(\bm{r}) \tag{4.50}$$

であることが直ちにわかる．すなわち，$\psi_{\bm{p}}(\bm{r})$ は運動量が確定値 $\bm{p}$ をもつような固有関数である．(3.66)により

$$\langle \psi_{\bm{p}} | \psi_{\bm{p}'} \rangle = \delta(\bm{p}, \bm{p}') \tag{4.51}$$

が成り立つので，$\psi_{\bm{p}}$ は規格直交系をつくる．周期的境界条件を仮定すると，(3.60)を用い

$$\frac{\bm{p}}{\hbar} = \frac{2\pi}{L}(l, m, n) \tag{4.52}$$

$$l, m, n = 0, \pm 1, \pm 2, \cdots \tag{4.53}$$

となる．したがって，$\bm{p}$ は飛び飛びの値をとり，これらに適当な番号をつけることができる．この番号が(4.45)の m に対応すると考えればよい．

ここで任意の波動関数 ψ を

$$\psi = \sum_{\bm{p}} A_{\bm{p}} \psi_{\bm{p}} \tag{4.54}$$

と展開する．確率の法則により，この状態では，運動量が $\bm{p}$ である確率は $|A_{\bm{p}}|^2$ に等しい．一方，(4.51)を利用すると，$A_{\bm{p}}$ は

$$A_{\bm{p}} = \int \psi \psi_{\bm{p}}{}^* \mathrm{d}v = \frac{1}{\sqrt{V}}\int \psi(\bm{r}) \mathrm{e}^{-i\bm{p}\cdot\bm{r}/\hbar} \mathrm{d}v \tag{4.55}$$

で与えられる．ただし，積分は箱中にわたって行われる．以上の

結果から，運動量が $\bm{p}=(2\pi\hbar/L)(l,m,n)$ をもつ確率は

$$\frac{1}{V}\left|\int \psi(\bm{r})\,\mathrm{e}^{-i\bm{p}\cdot\bm{r}/\hbar}\,\mathrm{d}v\right|^2 \tag{4.56}$$

に等しい．(4.56)で $V\to\infty$ の極限をとると，この式は0になる．このような極限では運動量空間の微小部分を考え，その中で運動量が見出される確率を考慮しなければならない．この点を調べるため，図4.1に示すように，運動量空間中に格子定数 $2\pi\hbar/L$ の単純立方格子を考える．(4.52), (4.53)により，これらの格子点が可能な運動量を与える．いわば，1辺の長さ $2\pi\hbar/L$ の角砂糖をたくさん積み重ねたとき，その頂点が $\bm{p}$ の可能な値を表すことになる．そこで，角砂糖の1つの頂点に印をつけ，印は重ならないようにすれば，印は全体として，図4.1の格子点となる．いいかえると，角砂糖と格子点とは一対一の対応をもつ．この事実と1個の角砂糖の体積が $(2\pi\hbar/L)^3$ であることに注意すると，運動量空間中の微小体積 $\mathrm{d}\bm{p}=\mathrm{d}p_x\mathrm{d}p_y\mathrm{d}p_z$ 中に含まれる点の数は

$$\left(\frac{L}{2\pi\hbar}\right)^3 \mathrm{d}\bm{p} \tag{4.57}$$

となる．ここで，$\mathrm{d}\bm{p}$ は角砂糖の体積より十分大きいとし，また $\mathrm{d}\bm{p}$ 中で(4.56)はほぼ一定と仮定する．$L\to\infty$ の極限で上述の角

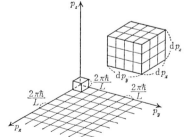

図4.1 運動量空間中の可能な点

砂糖はいくらでも小さくなるので，このような仮定は正当化される．また，$L \to \infty$ の極限で(4.56)の積分は全空間にわたるものとなる．前と記号を合わせるため $dv = d\boldsymbol{r}$ とおけば，運動量が $\boldsymbol{p} \sim \boldsymbol{p} + d\boldsymbol{p}$ に見出される確率は，(4.56)と(4.57)をかけ

$$\frac{1}{(2\pi\hbar)^3}\left|\int \psi(\boldsymbol{r})\,e^{-i\boldsymbol{p}\cdot\boldsymbol{r}/\hbar}\,d\boldsymbol{r}\right|^2 d\boldsymbol{p}$$

と表される．上式は(3.112)から求めた結果と完全に一致することがわかる．

(4) 固有関数の完全性

適当な物理量に注目し，それを表す演算子を Q とする．Q の固有値に番号をつけて，n 番目の固有値を λ_n，またそのときの固有関数を ψ_n とする．すなわち

$$Q\psi_n = \lambda_n \psi_n \quad (n=1, 2, 3, \cdots) \tag{4.58}$$

とする．また，これらの関数は規格直交系をつくるとし

$$\langle \psi_m | \psi_n \rangle = \int \psi_m{}^* \psi_n\, dv = \delta_{mn} \tag{4.59}$$

の関係を仮定する．

以上の前提のもとで，任意の関数 ψ が

$$\psi = \sum_n c_n \psi_n \tag{4.60}$$

と展開できるとき，$\psi_1, \psi_2, \psi_3, \cdots$ の関数系は**完全系**であるという．量子力学では，観測しうる物理量に対応する演算子の固有関数は完全系であることを仮定している．(4.59), (4.60)から展開係数 c_n は

$$c_n = \langle \psi_n | \psi \rangle \tag{4.61}$$

と計算される．

ここで

$$U = \sum_n |\psi_n\rangle\langle\psi_n| \tag{4.62}$$

という演算子を導入しよう．この演算子の意味は，任意のケット・ベクトル $|P\rangle$ に作用したとき，その結果が

$$U|P\rangle = \sum_n |\phi_n\rangle\langle\phi_n|P\rangle \tag{4.63}$$

となることである．上式で $\langle\phi_n|P\rangle$ はc数なので，右辺は1つのケット・ベクトルを表すのである．とくに，$|P\rangle$ として $|\phi_m\rangle$ をとると(4.59)を用い

$$U|\phi_m\rangle = |\phi_m\rangle \tag{4.64}$$

がえられる．すべての m について上式が成り立つから，U は演算子として1に等しいと考えないといけない．すなわち

$$\sum_n |\phi_n\rangle\langle\phi_n| = 1 \tag{4.65}$$

が成立する．あるいは，上式を簡単に

$$\sum_n |n\rangle\langle n| = 1 \tag{4.66}$$

と書くこともある．(4.65), (4.66) は $\phi_1, \phi_2, \cdots$ が完全系であるための条件を表すと考えられる．一方，実用上，これらの式は大変便利な関係で，以後の章でもよく利用されるであろう．以下，1つの応用例として物理量 Q の平均値を考えてみる．

(4.60)の ϕ が規格化されていれば，確率の法則により Q が λ_n をとる確率は $|c_n|^2$ で与えられる．よって，Q の量子力学的な平均値 $\bar{Q}$ は

$$\bar{Q} = \sum_n \lambda_n |c_n|^2 \tag{4.67}$$

と表される．上式に(4.61)を代入し，(4.58), (4.65)を用いて変形していくと

$$\bar{Q} = \sum_n \lambda_n \langle\phi_n|\phi\rangle\langle\phi|\phi_n\rangle = \sum_n \langle\phi|Q|\phi_n\rangle\langle\phi_n|\phi\rangle$$
$$= \langle\phi|Q|\phi\rangle$$

となる．すなわち，状態 ϕ における物理量 Q の平均値は

$$\bar{Q} = \int \phi^* Q \phi \, \mathrm{d}v \qquad (4.68)$$

で与えられる．(3.115), (3.116) などの結果は，(4.68) の特殊な場合に相当している．また，例えば Q として粒子の x 座標をとると，このときの演算子 Q は x をかけることを意味するので，(4.68) は

$$\bar{x} = \int \phi^* x \phi \, \mathrm{d}v = \int x |\phi|^2 \, \mathrm{d}v \qquad (4.69)$$

と表される．上式で $|\phi|^2 \mathrm{d}v$ は粒子の存在確率を表し，よってこの結果は第 3 章の §3 で論じたものと一致することがわかる．

§2 不確定性原理

第 3 章 §3 の (3) でも，ちょっと触れたが，粒子の運動量が確定値をとると，その位置はどこだかわからなくなってしまう．このように，量子力学の立場では，運動量と座標とを同時に正確に測定できず，どうしても両者に不確定さが残る．これを**ハイゼンベルク** (W. Heisenberg, 1901〜1976) **の不確定性原理** (uncertainty principle) という．例えば，運動量の x 成分の不確定さ Δp_x と，x 座標の不確定さ Δx との間には，大雑把にいって

$$\Delta x \cdot \Delta p_x \sim h \qquad (4.70)$$

が成り立つ．y 方向や z 方向についても同様な関係が成り立つ．これらの関係を**ハイゼンベルクの不確定性関係**という．

不確定性関係に関する厳密な理論は後回しにし，やや直観的な方法で (4.70) を導いておこう．この式を導く 1 つの方法として，X 線顕微鏡を使って電子の位置と運動量とを測定する実験を考えてみる．X 線顕微鏡とは，通常の光のかわりに波長のごく短い電磁波を使うような顕微鏡で，仮りにそういう顕微鏡があったらど

うなのか，という話である．このように，仮りにそういうものがあったらどうなのか，と頭の中で行う実験のことを**思考実験**という．

一般に，光は回折現象を示すので，顕微鏡で区別できる2点間の距離は，大体その光の波長程度である．このため，図4.2のように，電子に波長 λ のX線を x 方向にあててその位置を調べるとき，電子の x 座標の不確定さ Δx は

$$\Delta x \sim \lambda \tag{4.71}$$

図 4.2 X線顕微鏡を使う思考実験

となる．一方，電子にX線をあてるということは，波と粒子の二重性により，運動量 h/λ の光子をあてることを意味する．その結果，電子の運動量の x 成分には，ほぼその程度の不確定さを生ずるから

$$\Delta p_x \sim \frac{h}{\lambda} \tag{4.72}$$

と表される．(4.71)と(4.72)の積をつくると，(4.70)がえられる．

以上の考察からわかるように，不確定性関係は波と粒子の二重性という量子力学的な性格から由来している．古典的な立場は h を0とした極限と考えられ，この場合には，Δx も Δp_x も同時に0とできる．すなわち，x も p_x も同時に正確に測定しうるのである．

次に，不確定性関係の厳密な理論に話を進めよう．x 座標の不確定さを表す量として，次式で定義される標準偏差 Δx を考える．

$$(\varDelta x)^2 = \overline{(x-\bar{x})^2} = \int (x-\bar{x})^2 |\psi|^2 \, dv \qquad (4.73)$$

ここで $\bar{x}$ は x 座標の量子力学的な平均値で,具体的には(4.69)で与えられる.同様に,運動量の x 成分の不確定さ $\varDelta p_x$ を

$$(\varDelta p_x)^2 = \overline{(p_x - \bar{p_x})^2} \qquad (4.74)$$

で定義する.このような $\varDelta x, \varDelta p_x$ を定義すると,ごく一般的に

$$\varDelta x \cdot \varDelta p_x \geq \frac{\hbar}{2} \qquad (4.75)$$

の関係が成り立つ.

(4.75)式の証明

まず,記号を簡単にするため

$$\alpha \equiv x - \bar{x}, \quad \beta = p_x - \bar{p_x} \qquad (4.76)$$

とおく.また,(4.73),(4.74)の平均値を表すのに,ブラ,ケットの記号を用いる.そうすると

$$(\varDelta x)^2 (\varDelta p_x)^2 = \langle \psi | \alpha^2 | \psi \rangle \langle \psi | \beta^2 | \psi \rangle \qquad (4.77)$$

と表される.ここで,一般に Q がエルミート演算子であれば,$Q - \bar{Q}$ もエルミート演算子であることに注意する(演習問題 4.2 参照).(4.76)で x, p_x はともにエルミート演算子だから,α, β も同様で,したがって

$$\langle \psi | \alpha^2 | \psi \rangle = \langle \alpha \psi | \alpha \psi \rangle, \quad \langle \psi | \beta^2 | \psi \rangle = \langle \beta \psi | \beta \psi \rangle$$

が成り立つ.例えば,右側の関係は,(4.28)を利用し,$\beta^\dagger = \beta$ に注意すると

$$\langle \beta \psi | \beta \psi \rangle = \langle \psi | \beta^\dagger | \beta \psi \rangle = \langle \psi | \beta^2 | \psi \rangle$$

と証明される.以上の結果から,(4.77)は通常の積分で表すと

$$(\varDelta x)^2 (\varDelta p_x)^2 = \int (\alpha \psi)^* (\alpha \psi) \, dv \int (\beta \psi)^* (\beta \psi) \, dv \qquad (4.78)$$

となる.

§2 不確定性原理

(4.78) の右辺の積分を評価するため,シュヴァルツ (H. A. Schwarz, 1843〜1921) の不等式を利用する.いま,f, g を任意の関数とするとき

$$\int \left| f - g\frac{b}{a} \right|^2 \mathrm{d}v \geq 0 \tag{4.79}$$

が成立する.なぜなら,被積分関数は絶対値の2乗で,決して負にはならないからである.ここで,a, b はそれぞれ

$$a = \int |g|^2 \mathrm{d}v, \quad b = \int fg^* \mathrm{d}v \tag{4.80}$$

で与えられるものとする.(4.79) は,a が実数であることに注意すると

$$\int \left(f^* - g^*\frac{b^*}{a} \right)\left(f - g\frac{b}{a} \right) \mathrm{d}v \geq 0$$

$$\int |f|^2 \mathrm{d}v - \frac{b}{a}\int f^*g \, \mathrm{d}v - \frac{b^*}{a}\int g^*f \, \mathrm{d}v + \frac{bb^*}{a^2}\int |g|^2 \mathrm{d}v \geq 0$$

と変形される.上式に (4.80) を代入すると

$$a \int |f|^2 \mathrm{d}v \geq bb^* = |b|^2$$

となり,結局

$$\int |g|^2 \mathrm{d}v \int |f|^2 \mathrm{d}v \geq \left| \int fg^* \mathrm{d}v \right|^2 \tag{4.81}$$

の**シュヴァルツの不等式**が導かれた.

(4.81) で $g = \alpha\psi$, $f = \beta\psi$ とおくと,(4.78), (4.81) から

$$(\Delta x)^2 (\Delta p_x)^2 \geq \left| \int (\alpha\psi)^* (\beta\psi) \, \mathrm{d}v \right|^2 \tag{4.82}$$

が導かれる.あるいは,再びブラ,ケットの記号を用いると

$$(\Delta x)^2 (\Delta p_x)^2 \geq |\langle \alpha\psi|\beta|\psi\rangle|^2 = |\langle \psi|\alpha\beta|\psi\rangle|^2 \tag{4.83}$$

となる.ここで

$$\alpha\beta = \frac{1}{2}(\alpha\beta-\beta\alpha)+\frac{1}{2}(\alpha\beta+\beta\alpha)$$

と書き換え

$$c = \frac{1}{2}\langle\psi|(\alpha\beta-\beta\alpha)|\psi\rangle, \quad d = \frac{1}{2}\langle\psi|(\alpha\beta+\beta\alpha)|\psi\rangle \tag{4.84}$$

と c, d を定義すれば，(4.83)は

$$(\varDelta x)^2(\varDelta p_x)^2 \geq |c+d|^2 \tag{4.85}$$

と表される．

先に進む前に，c と d の性質を調べておく．α, β がエルミート演算子であることに注意し，(4.30)を用いると

$$\langle\psi|\alpha\beta|\psi\rangle^* = \langle\psi|\beta\alpha|\psi\rangle, \quad \langle\psi|\beta\alpha|\psi\rangle^* = \langle\psi|\alpha\beta|\psi\rangle$$

がえられる．したがって

$$c^* = -c, \quad d^* = d \tag{4.86}$$

が成り立つ．(4.86)を使うと

$$|c+d|^2 = (c^*+d^*)(c+d) = |c|^2+|d|^2 \tag{4.87}$$

と書ける．よって，(4.85)は

$$(\varDelta x)^2(\varDelta p_x)^2 \geq |c|^2+|d|^2 \geq |c|^2 \tag{4.88}$$

となる．

(4.84)で定義された c は，(4.17)の交換子の定義式を用いると

$$c = \frac{1}{2}\langle\psi|[\alpha,\beta]|\psi\rangle \tag{4.89}$$

と表される．この交換子に(4.76)を代入すると，演算子とc数，c数とc数とは可換なので

$$[\alpha,\beta] = [x-\bar{x}, p_x-\overline{p_x}] = [x,p_x] \tag{4.90}$$

と計算される．ここで，(4.18)に注意すると

$$[x,p_x] = -\frac{\hbar}{i} \tag{4.91}$$

である．よって，ψ が規格化されていると，(4.89), (4.90), (4.91)から

$$c = -\frac{\hbar}{2i} \tag{4.92}$$

となり，これを(4.88)に代入すると

$$(\Delta x)^2 (\Delta p_x)^2 \geq \frac{\hbar^2}{4} \tag{4.93}$$

がえられる．この平方根をとったものが(4.75)の関係である．

一般の不確定性関係

上で述べた(4.75)式の証明をたどってみると，x とか p_x が現れるのは証明の最終段階であり，途中の計算では，それらがあらわに出てこない．この点に注目し，いま，任意の物理量 A, B を考え，不確定性関係の一般化を試みてみる．(4.73), (4.74), (4.76)に対応して

$$(\Delta A)^2 = \overline{(A-\bar{A})^2}, \quad (\Delta B)^2 = \overline{(B-\bar{B})^2}$$
$$\alpha = A - \bar{A}, \quad \beta = B - \bar{B}$$

と定義すれば，(4.77)から(4.89)に至る議論がそのまま適用でき，最終的に

$$(\Delta A)^2 (\Delta B)^2 \geq \frac{1}{4} |\langle \psi | [A, B] | \psi \rangle|^2 \tag{4.94}$$

の結論に達する．このように，A, B の不確定さは，A と B の交換子と密接に関係している．例えば，A として p_x, B として y をとると $[p_x, y] = 0$ であるから，この場合には(4.94)の右辺は 0 となる．すなわち，p_x と y とは同時に正確に測定できることが予想される．この予想が実際正しいことは次節で説明する．

他の例として，A を時間 t，B をエネルギー E としてみる．(3.18)により，エネルギーは

$$-\frac{\hbar}{i}\frac{\partial}{\partial t}$$

なる演算子によって表される．したがって，この場合の $[A, B]$ は

$$\left[t, -\frac{\hbar}{i}\frac{\partial}{\partial t}\right] = \frac{\hbar}{i}$$

となり，(4.94)から

$$(\Delta t)^2(\Delta E)^2 \geq \frac{\hbar^2}{4} \qquad (4.95)$$

の不確定性関係が導かれる．この関係からわかるように，量子力学の立場では，時間とエネルギーとを同時に正確に測定することは不可能である．(4.95)の物理的な解釈については演習問題 4.3 を参照せよ．

1次元調和振動子と不確定性関係

1次元調和振動子のハミルトニアンは

$$H = \frac{p^2}{2m} + \frac{m\omega^2 x^2}{2} \qquad (4.96)$$

で与えられる．古典力学で考えると，p も x も 0 にできるから H の最低値は 0 である．しかし，量子力学の場合には，第 3 章 §4 で学んだように，基底状態(ゼロ点振動)で，体系は有限なゼロ点エネルギー $\hbar\omega/2$ をもつ．不確定性原理のため，p と x とを同時に 0 にしえないので，このようなゼロ点エネルギーが現れるのである．以下，(4.75)を利用し，もう少し立ち入った議論をしてみよう．

基底状態では，$\bar{p} = \bar{x} = 0$ が成り立つ．したがって，(4.73)，(4.74)から

$$(\Delta x)^2 = \overline{x^2}, \qquad (\Delta p)^2 = \overline{p^2} \qquad (4.97)$$

となる．ただし，いまの問題では，x 方向だけの運動を考えているので，p_x の添字 x を省略した．(4.96)の量子力学的な平均値を

考えると

$$\overline{H} = \frac{1}{2m}\overline{p^2} + \frac{m\omega^2}{2}\overline{x^2} \tag{4.98}$$

であるが,基底状態で $\overline{H}$ は最低エネルギーに等しい.これを E と書く.(4.97)を(4.98)に代入し,多少変形すると

$$\begin{aligned} E &= \frac{1}{2m}[(\varDelta p)^2 + m^2\omega^2(\varDelta x)^2] \\ &= \frac{1}{2m}[(\varDelta p) - m\omega(\varDelta x)]^2 + \omega \varDelta x \cdot \varDelta p \end{aligned} \tag{4.99}$$

と表される.(4.99)の第1項は負にならないから,(4.75)の関係を用いると,一般的に

$$E \geq \frac{\hbar\omega}{2} \tag{4.100}$$

の関係がえられる.1次元調和振動子では,たまたま上式中の等号が成立することになる.

§3 行列による表現

量子力学では,物理量が演算子として表されるが,演算子は通常の数と違い,なかなかわかり難いものである.演算子をなんとかして,多少とも理解しやすい形に表す方法はないだろうか.その1つの方法が行列(matrix)による表現である.いま

$$\phi_1, \phi_2, \phi_3, \cdots \tag{4.101}$$

という関数系があり,これは完全系であるとする.すなわち,任意の関数 ϕ は,これらの関数により

$$\phi = \sum_n c_n \phi_n \tag{4.102}$$

のように展開可能であるとする.(4.101)を**基礎関数系**ということもある.この関数系は規格直交系をつくるとし

$$\int \phi_m{}^* \phi_n \, \mathrm{d}v = \langle \phi_m | \phi_n \rangle = \delta_{mn} \qquad (4.103)$$

の関係が満たされているものとする.

さて，演算子 Q の性質を完全に決定するにはどうしたらよいだろうか．それには，Q を任意の関数に作用させたとき，その結果が明確にわかればよい．そこで，(4.102) に Q を作用させてみよう．Q は線型な演算子と仮定しているから，(4.6) により

$$Q\psi = \sum_n c_n Q\phi_n \qquad (4.104)$$

が成り立つ．ψ が与えられると，展開係数 c_n は既知の量である．よって，$Q\psi$ を決定するには $Q\phi_n$ がわかればよい．ところで，$Q\phi_n$ はとにかく 1 つの関数なので基礎関数系 (4.101) によって展開されるはずである．これを

$$Q\phi_n = \sum_m Q_{mn} \phi_m \qquad (4.105)$$

と書こう．展開係数は，n と m とに依存するので，便宜上，これを上式のように表した．

以上の議論からわかるように，Q を決めるには Q_{mn} を与えればよい．m, n は $1, 2, 3, \cdots$ と変化するので，上の Q_{mn} を

$$\begin{pmatrix} Q_{11} & Q_{12} & Q_{13} & \cdots \\ Q_{21} & Q_{22} & Q_{23} & \cdots \\ Q_{31} & Q_{32} & Q_{33} & \cdots \\ \cdots & \cdots & \cdots & \cdots \\ \cdots & \cdots & \cdots & \cdots \end{pmatrix} \qquad (4.106)$$

と並べ，これを Q の**行列**という．また，個々の Q_{mn} をこの行列の m 行 n 列の**要素**という．このようにして，基礎関数系を適当に選べば，演算子は行列で表現されることがわかった．(4.103) を用いると，行列要素 Q_{mn} は

$$Q_{mn} = \int \phi_m{}^* Q \phi_n \, \mathrm{d}v \tag{4.107}$$

と表される．あるいは，ブラ，ケットを使うと

$$Q_{mn} = \langle \phi_m | Q | \phi_n \rangle \tag{4.108}$$

と書ける．以下の議論で，簡単のため

$$Q_{mn} = \langle m | Q | n \rangle \tag{4.109}$$

と記すこともある．とくに，Q がエルミート演算子であれば

$$Q_{nm}{}^* = \langle n | Q | m \rangle^* = \langle m | Q | n \rangle = Q_{mn} \tag{4.110}$$

が成立する．上式からわかるように，対角要素については，$Q_{nn}{}^* = Q_{nn}$ が成り立つので，この要素は実数となる．また，(4.106)で対角線に対し対称な位置にある要素は互いに複素共役の関係になる．例えば，$Q_{12}{}^* = Q_{21}$, $Q_{21}{}^* = Q_{12}$ である．このような行列を**エルミート行列**という．

次に，演算子の積が行列でどのように表されるかを考察する．(4.105)にさらに演算子 P を作用させると

$$PQ\phi_n = \sum_m Q_{mn} P \phi_m \tag{4.111}$$

である．ここで，$P\phi_m$ を再び(4.105)のように表し

$$P\phi_m = \sum_k P_{km} \phi_k \tag{4.112}$$

と書けば，(4.112)を(4.111)に代入し

$$PQ\phi_n = \sum_{m,k} Q_{mn} P_{km} \phi_k \tag{4.113}$$

がえられる．一方，(4.113)で

$$R = PQ \tag{4.114}$$

とおき，$R\phi_n$ に対し(4.105)と同様の展開

$$R\phi_n = \sum_k R_{kn} \phi_k \tag{4.115}$$

を行い，(4.113)と比べると

$$R_{kn} = \sum_m P_{km} Q_{mn} \tag{4.116}$$

となる．(4.116)は行列のかけ算 $R=PQ$ に対する通常の規則と一致する．

(4.116)は，(4.66)を使うと，以下のようにほとんど自動的に導かれる．すなわち

$$\begin{aligned} R_{kn} &= \langle k|R|n \rangle = \langle k|PQ|n \rangle = \sum_m \langle k|P|m \rangle \langle m|Q|n \rangle \\ &= \sum_m P_{km} Q_{mn} \end{aligned} \tag{4.117}$$

である．

例題 1次元調和振動子の x に対する行列要素

第3章の演習問題3.8で，すでに行列要素 x_{mn} を計算した．ここで注意すべきことは，(4.101)の番号づけとして，1, 2, 3, … を用いたが，これは便宜上のものであり，本来はどのような番号をつけてもよいという点である．例えば，1次元調和振動子の場合なら，固有値 $\hbar\omega(n+1/2)(n=0,1,2,\cdots)$ に対応し，0, 1, 2, 3, … という番号づけを行うのが自然である．このような場合でも，例えば，(4.117)の m の和は 0, 1, 2, … にわたるものと解釈すれば，いままでの議論がそのまま通用する．

この点に注意し，行列のかけ算を利用して，x^2 の対角要素を計算してみよう．x_{mn} は

$$x_{mn} = \langle m|x|n \rangle = \begin{cases} b\sqrt{\dfrac{n}{2}} & (m=n-1) \\ b\sqrt{\dfrac{n+1}{2}} & (m=n+1) \\ 0 & (m \neq n-1, n+1) \end{cases} \tag{4.118}$$

と表される．x はエルミート演算子であるから，(4.110)により

$$\langle n|x|m \rangle^* = \langle m|x|n \rangle \tag{4.119}$$

が成り立つ．(4.118)を用い，直接(4.119)を確かめることもできる(演習問題4.4参照)．(4.119)を利用すると

$$\langle n|x^2|n\rangle = \sum_m \langle n|x|m\rangle\langle m|x|n\rangle = \sum_m |\langle m|x|n\rangle|^2$$

となり，これに(4.118)を代入すると

$$\langle n|x^2|n\rangle = \frac{b^2}{2}(2n+1) \tag{4.120}$$

と計算される．

交換可能な行列

2つの演算子A, Bがあり，ϕは両者に共通な固有関数で

$$A\phi = \alpha\phi, \qquad B\phi = \beta\phi \tag{4.121}$$

を満たすとする(α, βはc数)．このϕで表される状態で物理量A, Bを測定すると，確定値α, βがえられ，したがってAとBとは同時に正確に測定できる．(4.121)から$BA\phi = \alpha B\phi = \alpha\beta\phi$, $AB\phi = \beta A\phi = \beta\alpha\phi$がえられ，このため

$$(AB - BA)\phi = 0 \tag{4.122}$$

となる．もしも，AとBとが可換でないと，すなわち$[A, B] \neq 0$だと一般に(4.122)が成立せず，このためAとBとは同時に正確に測定できない．例えば，Aとしてp_x, Bとしてxをとれば，$[p_x, x] = \hbar/i$だから，(4.122)を満たすϕは恒等的に0となり，物理的に無意味である．すなわち，p_xとxとは同時に正確に測定できないわけで，これは不確定性原理の1つの側面を与える．

逆に，AとBとが可換，すなわち

$$AB = BA \tag{4.123}$$

が成り立つとどうなるであろうか．Aを表現する基礎関数系として，$A\phi_j = A_j\phi_j$ ($j = 1, 2, 3, \cdots$)というAの固有関数を選ぶと(A_jはj番目の固有値)，$\langle \phi_i|A|\phi_j\rangle = A_j\delta_{ij}$が成立するので，$A$を表す行列を$(A)$と書けば，$(A)$は

$$(A) = \begin{pmatrix} A_1 & & & \\ & A_2 & & \text{\Large 0} \\ & & A_3 & \\ & \text{\Large 0} & & \ddots \end{pmatrix} \qquad (4.124)$$

という対角的な行列で表される．この点に注意し，(4.123)の両辺の ij 要素を考えると

$$\sum_k A_{ik} B_{kj} = \sum_k B_{ik} A_{kj} \qquad \therefore\ A_i B_{ij} = B_{ij} A_j$$

すなわち

$$(A_i - A_j) B_{ij} = 0 \qquad (4.125)$$

がえられる．したがって，$A_i \neq A_j$ なら $B_{ij}=0$ となる．

もしも，(4.124) の A_i がすべて違えば，上の結果から $B_{ij}=0$ ($i \neq j$) となり，B を表現する行列も対角的となる．しかし，縮退があるとき，例えば $A_1 = A_2$ のときには，A, B の行列は，それぞれ

$$(A) = \left(\begin{array}{cc|c} A_1 & 0 & \\ 0 & A_1 & \text{\Large 0} \\ \hline & \text{\Large 0} & \ddots \end{array}\right), \qquad (B) = \left(\begin{array}{cc|c} \times & \times & \\ \times & \times & \text{\Large 0} \\ \hline & \text{\Large 0} & \ddots \end{array}\right)$$

と表される．(B) で × 印は 0 でない行列要素を表す．この × 印の行列は 2 次元のエルミート行列で，φ_1, φ_2 に適当な 1 次変換を行うことにより対角化できる．縮退が他にあっても事情は同様で，n 重の縮退に応じて，n 次元のブロックが (B) の対角線に沿って並ぶことになる．これらのブロックはすべて，基礎関数系の変換により，(A) の形を変えることなく対角化される．このようにして，結局，(B) は対角的な行列となる．結論として，可換な行列は同時に対角化できることがわかった．

さて，$(A), (B)$ をともに対角的にするような基礎関数系を新た

に $\phi_1, \phi_2, \phi_3, \cdots$ とおこう. そうすると

$$A\phi_i = A_i\phi_i, \quad B\phi_i = B_i\phi_i \qquad (4.126)$$

という式が成り立つはずである. これは(4.121)と同じ形をもつので, A と B とは同時に測定可能ということになる. すなわち, まとめると, 交換可能な2つの物理量は同時に正確に測定ができる. 例えば, p_x と y とは可換なので, この両者は同時に測定可能である. ただし, 誤解のないよう, 一言断わっておくと, 以上の結果は, どんな状態でも p_x と y とが同時に正確に測定できるという意味ではない. 例えば, y が正確に測定できない状態はいくらでもありうる. むしろ, それがふつうで, このため粒子の存在確率が問題になってくる. 上の結果は, p_x の固有状態であり, かつ y の固有状態でもあるような状態が存在しうることを述べているのである.

§4 行列力学

前節で演算子が行列で表現されることを示した. したがって, 物理量は行列であると考えることもできる. このような立場を**行列力学**という. 量子力学が確立されるまでの過程で, シュレーディンガー方程式と行列力学とは重要な役割を演じてきた. この両者は, 数学的な形式がまったく異なるにもかかわらず, 同じ問題に適用すると常に同一の結果を与えた. その後, 両者は数学的に等価であることが証明されたが, 実用的な面からいうと, シュレーディンガー方程式の方がはるかに扱い易い. これまで主としてシュレーディンガー方程式を中心に話を進めてきたのも, この理由による. 反面, 行列力学は, 古典力学との対応関係を明らかにしてくれる. 第1章でわざわざ解析力学の部を入れたのも, そのためであり, なにはともあれ, 行列力学の概要を述べることにし

よう.

§3 で基礎関数系 $\phi_1, \phi_2, \phi_3, \cdots$ を導入し

$$Q_{mn} = \int \phi_m{}^* Q \phi_n \, dv \tag{4.127}$$

という式で演算子 Q の行列要素を表示した. そのさい, 基礎関数系の個々の関数が

$$-\frac{\hbar}{i}\frac{\partial \phi}{\partial t} = H\phi \tag{4.128}$$

の時間を含んだシュレーディンガー方程式の解であるような表示をシュレーディンガー表示という. この表示では, 基礎関数系が時間に依存するので, 当然, (4.127) の Q_{mn} も t の関数となる.

ところで

$$e^{-iHt/\hbar} = \sum_{s=0}^{\infty} \frac{1}{s!} \left(-\frac{iHt}{\hbar}\right)^s \tag{4.129}$$

の演算子を考え, これを t で微分すると, 通常の指数関数と同様

$$\frac{\partial}{\partial t} e^{-iHt/\hbar} = -\frac{i}{\hbar} H e^{-iHt/\hbar} = -\frac{i}{\hbar} e^{-iHt/\hbar} H \tag{4.130}$$

が成り立つ. この式を使うと, $t=0$ における ϕ を $\phi(0)$ とし, (4.128) の解は, 形式的に

$$\phi(t) = e^{-iHt/\hbar} \phi(0) \tag{4.131}$$

と書ける. このとき, 時間に依存しない $\phi_n(0)$ などによる表示を**ハイゼンベルク表示**という.

シュレーディンガー表示とハイゼンベルク表示との関係を調べるため, (4.129) 式のエルミート共役を考える. H がエルミート演算子であることに注意すれば

$$(e^{-iHt/\hbar})^\dagger = e^{iHt/\hbar} \tag{4.132}$$

がえられる. よって, シュレーディンガー表示における Q_{mn} は

(4.23) を利用すると，次のようになる．

$$Q_{mn} = \int \phi_m{}^*(0) e^{iHt/\hbar} Q e^{-iHt/\hbar} \phi_n(0) \mathrm{d}v \qquad (4.133)$$

上式の基礎関数系は $\phi_n(0)$ などであるから，これはハイゼンベルク表示である．この場合，Q_{mn} の時間依存性は演算子 Q が

$$Q(t) = e^{iHt/\hbar} Q e^{-iHt/\hbar} \qquad (4.134)$$

という時間による演算子で表されるためと解釈される．(4.134) を演算子のハイゼンベルク表示という．簡単のため (4.134) 左辺の t を省略し，同式を時間で微分すると，Q があらわに t を含まないとき，(4.130) を用い，ハイゼンベルク表示の演算子に対し

$$\frac{\mathrm{d}Q}{\mathrm{d}t} = \frac{i}{\hbar}(HQ - QH) \qquad (4.135)$$

がえられる．これをハイゼンベルクの運動方程式という．

例題 速度を表す演算子

(4.135) の Q として粒子の x 座標を考えてみる．そうすると左辺は $\mathrm{d}x/\mathrm{d}t$ となり，速度の x 成分を表すことになる．また，ハミルトニアン H は

$$H = \frac{1}{2m}(p_x{}^2 + p_y{}^2 + p_z{}^2) + U(x, y, z) \qquad (4.136)$$

で与えられるとする．(4.135) は

$$\frac{\mathrm{d}x}{\mathrm{d}t} = \frac{i}{\hbar}[H, x] \qquad (4.137)$$

と書ける．x は U, p_y, p_z と可換なので，結局

$$\frac{\mathrm{d}x}{\mathrm{d}t} = \frac{i}{\hbar}\frac{1}{2m}[p_x{}^2, x] \qquad (4.138)$$

となる．ここで

$$[p_x{}^2, x] = p_x{}^2 x - x p_x{}^2 = p_x(p_x x - x p_x) + (p_x x - x p_x)p_x$$

を使い，$[p_x, x] = \hbar/i$ に注意すると

$$\frac{\mathrm{d}x}{\mathrm{d}t} = \frac{p_x}{m} \tag{4.139}$$

という古典力学と同形の式が導かれる.

古典力学との関係

(4.135)に話を戻し

$$(A, B) = -\frac{i}{\hbar}(AB - BA) = -\frac{i}{\hbar}[A, B] \tag{4.140}$$

とおき, 量子力学的な "かっこ式" (A, B) を定義しよう. $-i/\hbar$ という因子を除き, (A, B) は本質的に, A と B の交換子と考えてよい. (4.140)を使うと(4.135)は

$$\frac{\mathrm{d}Q}{\mathrm{d}t} = (Q, H) \tag{4.141}$$

と表される. この式は, 形式上, (1.103)と一致する. また, (4.140)で例えば $A=x$, $B=p_x$ とおくと

$$(x, p_x) = -\frac{i}{\hbar}[x, p_x] = 1 \tag{4.142}$$

がえられる. 同様に $(p_x, p_y)=0$, $(x, y)=0$ などが導かれ, これらは形式上, (1.100)と一致する.

このように, (4.140)で定義したかっこ式をポアッソンのかっこ式に対応させると, 量子力学と古典力学とは, 形の上で, 同じ方程式で記述されることがわかった. もちろん, その内容は異なり, 古典力学ではc数間の関係としてポアッソンのかっこ式が導入されるが, 量子力学では演算子間の関係として交換子が導入され, その結果, 同じ形式の方程式が成り立つわけである.

演 習 問 題

4.1 任意の演算子 A, B, C を含む交換子について, 次の等式が成立す

ることを示せ.
$$[A+B, C] = [A, C]+[B, C]$$
$$[A, BC] = [A, B]C+B[A, C]$$

4.2 Q がエルミート演算子であれば,$Q-\bar{Q}$ もエルミート演算子であることを示せ.また,P を任意の演算子とするとき,$P^\dagger P$, $P^\dagger + P$, $i(P-P^\dagger)$ はエルミート演算子である.その理由を述べよ.

4.3 X線顕微鏡を用いて電子のエネルギー E を測定する思考実験を考え,エネルギーの不確定さ $\varDelta E$, 時間の不確定さ $\varDelta t$ に対する不確定性関係 $\varDelta E \cdot \varDelta t \sim h$ を導け.

4.4 1次元調和振動子の x 座標を表す行列 (x) を求め,それがエルミート行列であることを確かめよ.

4.5 1次元調和振動子の x, p およびハミルトニアン H に対するハイゼンベルクの運動方程式はどのように表されるか.

第5章 中心力場にある粒子

§1 シュレーディンガー方程式

太陽の回りで惑星がどのような運動を行うかは,古典力学における重要課題の1つである.この場合,太陽が力の中心となり,惑星には太陽に向かう万有引力が働く.同じように,3次元調和振動子,水素原子など,中心力の働く系が量子力学においても重要な意味をもつ.すでに第2章で水素原子に関するボーアの理論を紹介し,この理論が実験事実を見事に説明しうることを示した.しかし,ボーアの理論はあくまでも過渡的なもので,真の問題の解決は量子力学をまたねばならない.量子力学の結果と実験事実との比較という点でも,水素原子の問題の重要性が理解できよう.本章では,水素原子を中心課題とし,中心力場での粒子を考察していく.

力の中心を原点Oにとり,Oから測った粒子の距離をrとする.粒子に働くポテンシャルがrだけの関数だと,力は原点Oと粒子を結ぶ線上にあるので,これを**中心力**という(図5.1).粒子の質量をm,ポテンシャルを$U(r)$とすれば,粒子のエネルギーEを決めるべきシュレーディンガー方程式は

$$-\frac{\hbar^2}{2m}\Delta\phi+U(r)\phi = E\phi \qquad (5.1)$$

図5.1 中心力

§1 シュレーディンガー方程式

と表される．すでに第3章§2で ϕ が r だけの関数として，水素原子の基底状態を論じたが，問題を完全に解決するには，極座標を用いたとき，ϕ は一般に r, θ, φ の関数と考えなければいけない．そのためには，ラプラシアンを r, θ, φ で表す必要があるが，この議論は少々手間がかかるので後回しにし，ここでは結果を先に述べる．

ラプラシアンは極座標で

$$\Delta\phi = \frac{1}{r^2}\frac{\partial}{\partial r}\left(r^2\frac{\partial \phi}{\partial r}\right) + \frac{1}{r^2 \sin\theta}\frac{\partial}{\partial \theta}\left(\sin\theta\frac{\partial \phi}{\partial \theta}\right) + \frac{1}{r^2 \sin^2\theta}\frac{\partial^2 \phi}{\partial \varphi^2} \tag{5.2}$$

と書ける．当然のことながら，ϕ が r だけの関数とすれば，(5.2)は(3.42)以下で求めた結果と一致する．(5.2)で記号を簡単にするため，θ, φ だけを含む次の演算子

$$\Lambda = \frac{1}{\sin\theta}\frac{\partial}{\partial \theta}\left(\sin\theta\frac{\partial}{\partial \theta}\right) + \frac{1}{\sin^2\theta}\frac{\partial^2}{\partial \varphi^2} \tag{5.3}$$

を導入する．その結果，(5.2),(5.3)により(5.1)のシュレーディンガー方程式は

$$-\frac{\hbar^2}{2m}\left[\frac{1}{r^2}\frac{\partial}{\partial r}\left(r^2\frac{\partial \phi}{\partial r}\right) + \frac{1}{r^2}\Lambda\phi\right] + U(r)\phi = E\phi \tag{5.4}$$

となる．この方程式を解くため，変数分離の方法を利用し

$$\phi = R(r)Y(\theta, \varphi) \tag{5.5}$$

と仮定する．(5.5)を(5.4)に代入すると

$$-\frac{\hbar^2}{2m}\left[\frac{Y}{r^2}\frac{d}{dr}\left(r^2\frac{dR}{dr}\right) + \frac{R}{r^2}\Lambda Y\right] + U(r)RY = ERY$$

がえられる．したがって

$$\Lambda Y = -\lambda Y \tag{5.6}$$

と仮定すれば，R に対する方程式は，

$$-\frac{\hbar^2}{2m}\left[\frac{1}{r^2}\frac{\mathrm{d}}{\mathrm{d}r}\left(r^2\frac{\mathrm{d}R}{\mathrm{d}r}\right)-\frac{\lambda}{r^2}R\right]+U(r)R=ER \quad (5.7)$$

となる．(5.6)で λ は演算子 Λ に対する固有値に対応する量である．それをどのように決めるかは次節で説明する．

ラプラシアンの変換

第3章§2では $\partial\psi/\partial x, \partial^2\psi/\partial x^2$ といった偏微分を実行してラプラシアンを計算した．ψ が r, θ, φ の関数のときでも同様な計算を行えばよいが，大変やっかいだし，また見通しも悪い．そこで，以下，それにかわるもっと一般的な方法を説明していく．まず，次の点に注意しよう．これからの目標は(5.2)を導くことだが，ψ は量子力学的な波動関数なので一般に複素数である．しかし，ψ を実数部分と虚数部分にわけ，$\psi=R+iI$ とすれば，R と I は実数になる．これらの R と I についてそれぞれ(5.2)が成立すれば，$\psi=R+iI$ についても成立することは明らかである．いいかえると，(5.2)の ψ は実数と仮定しても一般性を失わない．以下，この仮定のもとで議論を進めていく．

話の前提として次のガウスの定理は既知であるとする．

$$\int_V \mathrm{div}\,\boldsymbol{A}\,\mathrm{d}v = \int_S A_n\,\mathrm{d}S \quad (5.8)$$

上式で $\mathrm{div}\,\boldsymbol{A}$ はベクトル $\boldsymbol{A}$ の**発散**を表し

$$\mathrm{div}\,\boldsymbol{A} = \frac{\partial A_x}{\partial x}+\frac{\partial A_y}{\partial y}+\frac{\partial A_z}{\partial z} \quad (5.9)$$

で定義される．

(5.8)の左辺の積分は空間中の領域 V 内での体積積分，右辺の積分はこの領域を囲む表面 S に関する面積分で，$\mathrm{d}S$ はこの表面上の微小面積である(図5.2)．この表面に垂直で領域の内部から外へ向かう単位ベクトルを $\boldsymbol{n}$ としたとき，A_n はベクトル $\boldsymbol{A}$ の $\boldsymbol{n}$

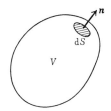

図5.2 ガウスの積分の積分領域

方向の成分である．すなわち，$A_n = \boldsymbol{A} \cdot \boldsymbol{n}$ と表される．A_n は $\boldsymbol{A}$ の法線方向の成分であるといってもよい．

ここで，ベクトル $\boldsymbol{A}$ は関数 ϕ から

$$\boldsymbol{A} = \nabla \phi \tag{5.10}$$

によって導かれるとする．このベクトルをスカラー ϕ の**勾配**ともいう．電界のベクトル，力のベクトルなど，負の符号がつくが，勾配として表されるベクトルは物理でおなじみのものである．(5.10)は成分で表すと

$$A_x = \frac{\partial \phi}{\partial x}, \quad A_y = \frac{\partial \phi}{\partial y}, \quad A_z = \frac{\partial \phi}{\partial z} \tag{5.11}$$

となる．したがって，(5.11)を(5.9)に代入すると

$$\mathrm{div}\,\boldsymbol{A} = \frac{\partial^2 \phi}{\partial x^2} + \frac{\partial^2 \phi}{\partial y^2} + \frac{\partial^2 \phi}{\partial z^2} = \Delta \phi \tag{5.12}$$

と表される．この点がわれわれの目のつけ所である．

次に，(5.10)で定義される勾配の性質を調べておく．図5.3に示すように，点 P を通る任意の直線を考え，これを s 軸とよぶ．s 軸上に適当な原点を選び，そこから点 P までの距離を s とする（原点の選び方はどうでもよい）．s 軸上で s の増加する向きに距離 ds をとり，その点を Q としよう（図5.3）．ここで s 軸と向き，方向が一致する単位ベクトルを $\boldsymbol{e}$ とし，点 P の位置ベクトルを $\boldsymbol{r}$ とすれば，点 Q の位置ベクトルは $\boldsymbol{r} + \boldsymbol{e}\,ds$ となる．あるいは成分

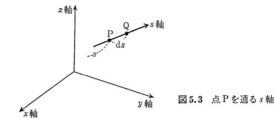

図5.3 点Pを通るs軸

をとると,P,Qの座標はそれぞれ
$$(x, y, z), \quad (x+\alpha\,ds,\ y+\beta\,ds,\ z+\gamma\,ds) \qquad (5.13)$$
となる.ここで,α, β, γは$\boldsymbol{e}$のそれぞれx, y, z成分を表す.すなわち
$$\boldsymbol{e} = (\alpha, \beta, \gamma) \qquad (5.14)$$
で,α, β, γを**方向余弦**ということもある.さて,ϕは場所の関数であるが,点P,Qにおけるϕの値をそれぞれ$\phi(\mathrm{P}), \phi(\mathrm{Q})$と書き,$\phi(\mathrm{Q})-\phi(\mathrm{P})$を考える.(5.13)により
$$\phi(\mathrm{Q})-\phi(\mathrm{P}) = \phi(x+\alpha\,ds,\ y+\beta\,ds,\ z+\gamma\,ds) - \phi(x, y, z)$$
であるが,dsは十分小さいとし,右辺を展開すると
$$\phi(\mathrm{Q})-\phi(\mathrm{P}) = \left(\frac{\partial\phi}{\partial x}\alpha + \frac{\partial\phi}{\partial y}\beta + \frac{\partial\phi}{\partial z}\gamma\right)ds + O(ds)^2$$
がえられる.(5.11)を使うと,上式右辺の( )内の量は
$$A_x\alpha + A_y\beta + A_z\gamma = \boldsymbol{A}\cdot\boldsymbol{e} = A_s$$
と書ける.ここでA_sは,$\boldsymbol{A}$のs軸方向の成分を表す.一方,s軸上だけでϕの振舞いを考える限り,$\phi(\mathrm{Q})-\phi(\mathrm{P})$は$\phi(s+ds)-\phi(s)$と表される.したがって
$$A_s = \lim_{ds\to 0}\frac{\phi(s+ds)-\phi(s)}{ds} = \frac{\partial\phi}{\partial s} \qquad (5.15)$$
の関係がえられる.この微分をs軸に沿っての微分とよぶことに

する.偏微分の記号を用いたのは,s 軸を固定したという条件下の微分を考えているためである.(5.12),(5.15)を使うと,ガウスの定理(5.8)は

$$\int_V \Delta\phi \, \mathrm{d}v = \int_S \frac{\partial \phi}{\partial s}\mathrm{d}S \tag{5.16}$$

と書ける.ただし,右辺の $\partial\phi/\partial s$ は,$\boldsymbol{n}$ 方向の s 軸に沿っての微分である.

(5.16)を利用して $\Delta\phi$ を求めるため,極座標に限らず,(1.57)で述べた一般化座標 q_1, q_2, q_3 を考え

$$x = x(q_1,q_2,q_3), \quad y = y(q_1,q_2,q_3), \quad z = z(q_1,q_2,q_3) \tag{5.17}$$

とする.q_1, q_2, q_3 を決めると空間中の1点が決まる.この点をPとする(図5.4).ここで q_2, q_3 を固定しておき q_1 を変化させると,点Pを通る1つの曲線が描かれる.これを q_1 軸とよぶ.同様に,q_2 軸,q_3 軸が定義される.点Pの近傍で,これらの軸が互いに直交しているとき,q_1, q_2, q_3 を**直交曲線座標**という.後で述べるが,極座標は直交曲線座標である.q_1 を $\mathrm{d}q_1$ だけ増加させたときの点を図5.4のように P_1 とし,PP_1 の距離を $g_1 \mathrm{d}q_1$ とする.一般に,g_1 は q_1, q_2, q_3 の関数である.同様に,q_2, q_3 軸上にそれぞ

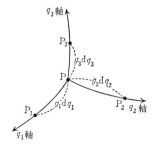

図 5.4 q_1, q_2, q_3 軸

れ点 P_2, P_3 を考え，P からの距離を $g_2 dq_2, g_3 dq_3$ とする．

点 P_2 を表す一般化座標は (q_1, q_2+dq_2, q_3) であるが，ここで q_3 を変化させると，q_3 軸にほぼ平行な曲線が描かれる．同様に，点 P_3 を通る q_2 軸にほぼ平行な曲線を描き，前者の曲線との交点を図 5.5 のように P_4 とする．このようなことをくり返すと，ほぼ直方体とみなせる図のような立体がえられる．点 Q を表す一般化座標は $(q_1+dq_1, q_2+dq_2, q_3+dq_3)$ だが，PQ の距離を ds とすれば

$$(ds)^2 = g_1^2(dq_1)^2 + g_2^2(dq_2)^2 + g_3^2(dq_3)^2 \qquad (5.18)$$

となる．この立体に (5.16) を適用し，立体は十分小さくその中で $\Delta\psi$ は一定であると仮定する．その結果，同式の左辺で $\Delta\psi$ は積分記号の外に出せ，また立体の体積はほぼ $g_1 g_2 g_3 \, dq_1 dq_2 dq_3$ である．したがって，(5.16) の左辺は

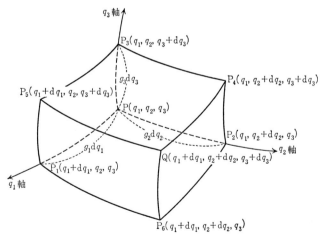

図 5.5　点 P 近傍の立体（かっこ内は各点の一般化座標である）

$$(\Delta\psi)g_1g_2g_3\,\mathrm{d}q_1\mathrm{d}q_2\mathrm{d}q_3 \tag{5.19}$$

に等しい.一方,同式の右辺を計算するため,まず q_1 軸に垂直な $\mathrm{PP_2P_4P_3}$ と $\mathrm{P_1P_6QP_5}$ の2面をペアとして考える. q_1 軸上の距離 $\mathrm{d}s$ は前述のように $g_1\mathrm{d}q_1$ と書け,またこの軸上で q_2, q_3 は一定なので, q_1 軸に沿っての微分は (5.15) により $\partial\psi/g_1\partial q_1$ と表される.これが $\boldsymbol{A}$ の q_1 軸方向の成分である.ところが,面 $\mathrm{PP_2P_4P_3}$ に関する面積分を考えるさい,外向き法線は $-q_1$ 軸方向を向く.よって,この面から生ずる (5.16) の右辺への寄与は,面の面積がほぼ $g_2g_3\,\mathrm{d}q_2\mathrm{d}q_3$ であることに注意すると

$$-\frac{g_2g_3}{g_1}\frac{\partial\psi}{\partial q_1}\,\mathrm{d}q_2\mathrm{d}q_3 \tag{5.20}$$

となる.同様に,面 $\mathrm{P_1P_6QP_5}$ からの寄与は,上式の符号を変え,また $q_1+\mathrm{d}q_1, q_2, q_3$ における値を代入したもので与えられる.すなわち,それは

$$\left(\frac{g_2g_3}{g_1}\frac{\partial\psi}{\partial q_1}\right)_{q_1+\mathrm{d}q_1,q_2,q_3}\mathrm{d}q_2\mathrm{d}q_3 \tag{5.21}$$

と表される.(5.21) を $\mathrm{d}q_1$ で展開し,(5.20) を加えて,高次の項を無視すると,いまの2面からの寄与は

$$\frac{\partial}{\partial q_1}\left(\frac{g_2g_3}{g_1}\frac{\partial\psi}{\partial q_1}\right)\mathrm{d}q_1\mathrm{d}q_2\mathrm{d}q_3 \tag{5.22}$$

と書ける.

以上の議論を q_2 軸, q_3 軸に垂直な2面のペアに適用し,これらを全部加えると (5.16) の右辺が求まる.これが (5.19) に等しいので, $\mathrm{d}q_1\mathrm{d}q_2\mathrm{d}q_3$ の項は,左辺,右辺で打ち消し合い,結局

$$\Delta\psi = \frac{1}{g_1g_2g_3}\left[\frac{\partial}{\partial q_1}\left(\frac{g_2g_3}{g_1}\frac{\partial\psi}{\partial q_1}\right)+\frac{\partial}{\partial q_2}\left(\frac{g_3g_1}{g_2}\frac{\partial\psi}{\partial q_2}\right)\right.$$
$$\left.+\frac{\partial}{\partial q_3}\left(\frac{g_1g_2}{g_3}\frac{\partial\psi}{\partial q_3}\right)\right] \tag{5.23}$$

の一般式がえられる.このように $\Delta\varphi$ は,直交曲線座標においては,g_1, g_2, g_3 などで表される.

いま問題としている極座標では,r, θ, φ 軸は図5.6のようになり,これらが互いに直交していることは容易にわかる.また,r, θ, φ をそれぞれこれまでの q_1, q_2, q_3 に対応させると,幾何学的な考察から

$$g_1 = 1, \quad g_2 = r, \quad g_3 = r\sin\theta \quad (5.24)$$

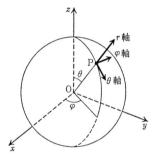

図5.6 極座標における r, θ, φ 軸

がえられる.あるいは,極座標に対する式からも同一の結果が導かれる(演習問題5.1).(5.24)を(5.23)に代入すると,(5.2)が簡単に確かめられるであろう.

§2 球面調和関数

(1) λ の決定

(5.3),(5.6)から Y に対する方程式は

$$\frac{1}{\sin\theta}\frac{\partial}{\partial\theta}\left(\sin\theta\frac{\partial Y}{\partial\theta}\right) + \frac{1}{\sin^2\theta}\frac{\partial^2 Y}{\partial\varphi^2} + \lambda Y = 0 \quad (5.25)$$

であることがわかる.上式には,ポテンシャル $U(r)$ が含まれていないので,この式はすべての中心力ポテンシャルに共通なもの

となる．この方程式中の λ を決定するのが最初の課題であるが，そのため再び変数分離の方法を適用し

$$Y(\theta, \varphi) = \Theta(\theta)\Phi(\varphi) \tag{5.26}$$

とおき，Φ は

$$\frac{d^2\Phi}{d\varphi^2} + \nu\Phi = 0 \tag{5.27}$$

を満たすと仮定する．ただし，ν は定数である．(5.26), (5.27) を (5.25) に代入すると，Θ に対する方程式は

$$\frac{1}{\sin\theta}\frac{d}{d\theta}\left(\sin\theta\frac{d\Theta}{d\theta}\right) + \left(\lambda - \frac{\nu}{\sin^2\theta}\right)\Theta = 0 \tag{5.28}$$

と表される．ところで，(5.27) の解は，任意定数を除き

$$\Phi = e^{\pm i\sqrt{\nu}\varphi} \tag{5.29}$$

である．上式中の ν を決めるため，波動関数は1価関数であると仮定する．極座標の定義から，r, θ を固定しておき，φ を 2π だけ増加させると，空間中の同じ点を記述することになる．波動関数は場所が決まれば，一義的に決まると考えているので，上述のようになる．あるいは，Φ に関する周期的境界条件 $\Phi(\varphi+2\pi)=\Phi(\varphi)$ が成り立つと考えてよい．このような条件から

$$\sqrt{\nu} = 0, 1, 2, 3, \cdots$$

がえられる．したがって

$$\Phi = e^{im\varphi} \quad (m=0, \pm 1, \pm 2, \cdots) \tag{5.30}$$

とおくと，$m=\pm\sqrt{\nu}$ であるから

$$\nu = m^2 \tag{5.31}$$

となる．

(5.31) を (5.28) に代入すると

$$\frac{1}{\sin\theta}\frac{d}{d\theta}\left(\sin\theta\frac{d\Theta}{d\theta}\right) + \left(\lambda - \frac{m^2}{\sin^2\theta}\right)\Theta = 0 \tag{5.32}$$

と書ける．上式をもとに，以下 λ を決めるのだが，その前に m の符号について注意しておく．(5.30) から m は正負，両方の符号をとることがわかるが，(5.32) の中には m^2 の形が現れるので，上述の符号とは無関係になる．当然，$m^2 = |m|^2$ と書けるので，以後 m は $|m|$ を表すと考えることにする．しばらくは，絶対値の記号を省略し，最後の段階でこの記号を復活させる．というわけで，(5.32) の m は $m \geq 0$ と仮定し，以下の話を進めていく．

まず，(5.32) をもう少し見易い形に直すため，次の変数変換
$$x = \cos\theta \tag{5.33}$$
を導入する．極座標の定義からわかるように，θ の変域は $0 \leq \theta \leq \pi$ である．したがって，x の変域は
$$-1 \leq x \leq 1 \tag{5.34}$$
である．(5.33) を使うと
$$\frac{d\Theta}{d\theta} = \frac{d\Theta}{dx}\frac{dx}{d\theta} = -\frac{d\Theta}{dx}\sin\theta = -\frac{d\Theta}{dx}\sqrt{1-x^2} \tag{5.35}$$
となる．本来なら，(5.33) より $\sin\theta = \pm\sqrt{1-x^2}$ と表されるのだが，$0 \leq \theta \leq \pi$ すなわち $0 \leq \sin\theta \leq 1$ の場合を考察しているので，根号の前の正符号をとった．(5.35) を (5.32) に代入し，$\sin\theta = \sqrt{1-x^2}$ を用いると
$$\frac{1}{\sqrt{1-x^2}}\frac{d}{d\theta}\left[-(1-x^2)\frac{d\Theta}{dx}\right] + \left(\lambda - \frac{m^2}{1-x^2}\right)\Theta = 0$$
がえられる．さらに，左辺第 1 項を処理するのに，(5.35) と同様な式を適用すると
$$\frac{d}{dx}\left[(1-x^2)\frac{d\Theta}{dx}\right] + \left(\lambda - \frac{m^2}{1-x^2}\right)\Theta = 0 \tag{5.36}$$
が導かれる．上式中には，分母に $1-x^2$ という項が現れるが，これを消去するため

§2 球面調和関数

$$\Theta = (1-x^2)^{m/2} y \tag{5.37}$$

とおき,新たに y という関数を定義する.(5.37)を(5.36)に代入すると,y に対する式は次のようになる(演習問題 5.2 参照).

$$(1-x^2)\frac{d^2y}{dx^2} - 2(m+1)x\frac{dy}{dx} + [\lambda - m(m+1)]y = 0 \tag{5.38}$$

この方程式を解くため,1 次元調和振動子の場合と同じように,y を x のべき級数で展開し

$$y = \sum_{n=0}^{\infty} a_n x^n \tag{5.39}$$

とする.(5.39)を(5.38)に代入すると

$$\sum_n (1-x^2)n(n-1)a_n x^{n-2} - 2(m+1)x \sum_n n a_n x^{n-1}$$
$$+ [\lambda - m(m+1)] \sum_n a_n x^n = 0$$

となり,x^n の係数を 0 とおき

$$(n+1)(n+2)a_{n+2} + [\lambda - m(m+1) - 2n(m+1) - n(n-1)]a_n = 0$$

がえられる.ここで

$$m(m+1) + 2n(m+1) + n(n-1) = m^2 + m + 2nm + n^2 + n$$
$$= m(m+1+n) + n(n+1+m)$$

の関係に注意すると

$$a_{n+2} = \frac{(m+n)(m+n+1) - \lambda}{(n+1)(n+2)} a_n \tag{5.40}$$

と表される.もし,λ が $(m+n)(m+n+1)$ という形であれば,(5.40)から $a_{n+2}=0$ となり,以下,$a_{n+4}=a_{n+6}=\cdots=0$ で(5.39)は x の多項式となる.しかし,この条件が満たされないと,(5.39)は無限級数になってしまう.このように無限級数になる場合,$n \to \infty$ の極限で,(5.40)から a_n は

$$a_n \sim c\frac{(m+n-1)!}{n!} \tag{5.41}$$

の程度であることがわかる.よって,もし偶数べきが無限に続くならば

$$y \sim c(m-1)!\left[1+\frac{m(m+1)}{2!}x^2\right.$$
$$\left.+\frac{m(m+1)(m+2)(m+3)}{4!}x^4+\cdots\right] \quad (5.42)$$

がえられる.この級数を求めるため次の公式

$$(1-x)^{-m} = 1+mx+\frac{m(m+1)}{2!}x^2+\cdots$$
$$+\frac{m(m+1)\cdots(m+n-1)}{n!}x^n+\cdots \quad (5.43)$$

に注意する.(5.43)の x の符号を変え,(5.43)と加え半分にすると,ちょうど(5.42)の [ ] 内と一致する.したがって,(5.42)は

$$y \sim c(m-1)!\frac{1}{2}[(1-x)^{-m}+(1+x)^{-m}] \quad (5.44)$$

と書ける.求める解 Θ は,(5.37)によりこの $(1-x^2)^{m/2}$ 倍だが,$m \geq 1$ なら,$x \to \pm 1$ で Θ は ∞ となる.よってこの場合を除外しなければならない.奇数べきが無限に続く場合も同様で,(5.44)の + を − に変えればよい.

以上,$m \geq 1$ としたが,$m=0$ のときはどうなるのであろうか.(5.41)の評価によると,このときには

$$a_n \sim c\frac{1}{n} \quad (5.45)$$

である.$n=0$ で,a_n は ∞ になるようにみえる.しかし,これは評価の荒いためであり,n が 0 のときには(5.45)が使えないことを意味する.実際は,級数の発散を支配するのは n の大きい項であるから,例えば,偶数べきが続くとし,$n=2,4,6,\cdots$ の和をとると

$$y \sim c\left(\frac{x^2}{2} + \frac{x^4}{4} + \frac{x^6}{6} + \cdots\right)$$

がえられる．$\ln(1+x) = x - x^2/2 + x^3/3 - x^4/4 + \cdots$ の公式を利用すると

$$y \sim -\frac{c}{2}[\ln(1-x) + \ln(1+x)]$$

となり，やはり Θ は $x \to \pm 1$ で ∞ になってしまう．結局，以上の議論から，(5.39)が固有関数であるためには，級数が有限項で切れなければならないことがわかった．その条件は，$l = m + n$ とおくと

$$\lambda = l(l+1) \tag{5.46}$$

と書ける．$n = 0, 1, 2, \cdots$ と変化しうるので，l は

$$l = m,\ m+1,\ m+2,\ \cdots \tag{5.47}$$

で与えられる．すなわち，l は $0, 1, 2, \cdots$ の値をとる．

(2) ルジャンドルの多項式

(5.38)に(5.46)を代入し，とくに $m = 0$ の場合を考えると

$$(1-x^2)\frac{\mathrm{d}^2 y}{\mathrm{d}x^2} - 2x\frac{\mathrm{d}y}{\mathrm{d}x} + l(l+1)y = 0 \tag{5.48}$$

の方程式がえられる．これを**ルジャンドル**(A. M. Legendre, 1752～1833)**の微分方程式**という．また，この解で，x の l 次の多項式であるものを**ルジャンドルの多項式**という．ここでは，やや天降り的だが

$$P_l(x) = \frac{1}{2^l l!}\frac{\mathrm{d}^l}{\mathrm{d}x^l}(x^2 - 1)^l \tag{5.49}$$

で定義される $P_l(x)$ がルジャンドルの多項式であることを示そう．(5.49)で $(x^2-1)^l$ を展開すると，x の最高次の項は x^{2l} である．これを x に関して l 回微分すると，$(2l)(2l-1)\cdots(l+1)x^l$ となる．したがって，$P_l(x)$ は

$$P_l(x) = \frac{(2l)(2l-1)\cdots(l+1)}{2^l l!} x^l + a_1 x^{l-2} + a_2 x^{l-4} + \cdots$$

となり,明らかに x の l 次の多項式である.上式で x^l の係数の分母,分子に $l!$ をかけると

$$P_l(x) = \frac{(2l)!}{2^l (l!)^2} x^l + a_1 x^{l-2} + \cdots \tag{5.50}$$

と表される.この式は,後で $P_l^2(x)$ の積分を計算するさい使われる.具体的に,(5.49)で $l=0,1,2$ とおくと

$$P_0(x) = 1, \quad P_1(x) = x, \quad P_2(x) = \frac{1}{2}(3x^2 - 1) \tag{5.51}$$

がえられる.

次に,(5.49)が実際(5.48)の解であることを証明する.このため

$$u = (x^2 - 1)^l \tag{5.52}$$

とおく.両辺の対数をとると $\ln u = l \ln(x^2 - 1)$ となり,これを x で微分すれば $u'/u = 2lx/(x^2-1)$ がえられる.ただし,ダッシュは x に関する微分を表す.上式から

$$u'(x^2 - 1) = 2lux \tag{5.53}$$

が成り立つ.微分に関する次の公式

$$\frac{d^n}{dx^n}(uv) = u^{(n)}v + \binom{n}{1}u^{(n-1)}v' + \binom{n}{2}u^{(n-2)}v'' + \cdots \tag{5.54}$$

を思い出そう.ここで,$u^{(n)}$ と書いたのは,x に関する n 階微分である.(5.54)に注意し,(5.53)を x に関し $(l+1)$ 回微分すると

$$u^{(l+2)}(x^2-1) + \binom{l+1}{1}u^{(l+1)}(2x) + \binom{l+1}{2}u^{(l)}\cdot 2$$
$$= 2l\left[u^{(l+1)}x + \binom{l+1}{1}u^{(l)}\right] \tag{5.55}$$

となる.次の関係

§2 球面調和関数

$$\binom{l+1}{1} = l+1, \qquad \binom{l+1}{2} = \frac{(l+1)l}{2}$$

を用い，(5.55)を整理すると

$$(1-x^2)u^{(l+2)} - 2xu^{(l+1)} + l(l+1)u^{(l)} = 0$$

が導かれる．適当な定数 c を用いると，(5.49)の $P_l(x)$ は $u^{(l)} = cP_l$ と書けるから，P_l は

$$(1-x^2)P_l'' - 2xP_l' + l(l+1)P_l = 0 \qquad (5.56)$$

を満たす．したがって，P_l は確かにルジャンドルの微分方程式 (5.48) の解である．

ここで，後の都合上，ルジャンドルの多項式に関するいくつかの性質に触れておく．(5.56)を少し変形すると

$$\frac{\mathrm{d}}{\mathrm{d}x}[(1-x^2)P_l'] + l(l+1)P_l = 0 \qquad (5.57)$$

と書ける．同様に，P_n に対する式は

$$\frac{\mathrm{d}}{\mathrm{d}x}[(1-x^2)P_n'] + n(n+1)P_n = 0 \qquad (5.58)$$

で与えられる．(5.57)に P_n をかけ，x に関し -1 から 1 まで積分すると

$$\int_{-1}^{1} P_n \frac{\mathrm{d}}{\mathrm{d}x}[(1-x^2)P_l'] \mathrm{d}x + l(l+1) \int_{-1}^{1} P_l P_n \, \mathrm{d}x = 0 \qquad (5.59)$$

と表される．左辺第1項に部分積分を適用し，$(1-x^2)$ は $x = \pm 1$ で 0 となることに注意すると

$$\int_{-1}^{1} P_n \frac{\mathrm{d}}{\mathrm{d}x}[(1-x^2)P_l'] \mathrm{d}x = -\int_{-1}^{1} P_n'(1-x^2)\frac{\mathrm{d}P_l}{\mathrm{d}x} \mathrm{d}x$$

$$= \int_{-1}^{1} P_l \frac{\mathrm{d}}{\mathrm{d}x}[(1-x^2)P_n'] \mathrm{d}x$$

である．上式を(5.59)に代入し，(5.58)に P_l をかけ，x に関し -1 から 1 まで積分した結果と比べると

$$[l(l+1)-n(n+1)]\int_{-1}^{1}P_l P_n \,\mathrm{d}x = 0 \qquad (5.60)$$

となる．したがって，$l \neq n$ であれば

$$\int_{-1}^{1}P_l P_n \,\mathrm{d}x = 0 \qquad (l \neq n) \qquad (5.61)$$

の結果がえられる．これは，第4章§1の定理3，すなわち，異なった固有値に属する固有関数は互いに直交する，という性質に相当している．

次に，(5.61)の積分で l と n とが等しいときの値を求める．(5.49)を用いると，求める積分は

$$\int_{-1}^{1}P_l{}^2 \,\mathrm{d}x = \frac{1}{2^l l!}\int_{-1}^{1}P_l(x)\frac{\mathrm{d}^l}{\mathrm{d}x^l}(x^2-1)^l \,\mathrm{d}x \qquad (5.62)$$

と表される．$x = \pm 1$ は $(x^2-1)^l$ の l 重根である．このため，例えば $\mathrm{d}(x^2-1)^l/\mathrm{d}x$ は $x = \pm 1$ で 0 となる．同様に，$\mathrm{d}^2(x^2-1)^l/\mathrm{d}x^2$ も $x = \pm 1$ で 0 である．このことに注意し，(5.62)で部分積分をくり返し適用すると

$$\int_{-1}^{1}P_l{}^2 \,\mathrm{d}x = \frac{(-1)^l}{2^l l!}\int_{-1}^{1}(x^2-1)^l \frac{\mathrm{d}^l P_l}{\mathrm{d}x^l} \,\mathrm{d}x \qquad (5.63)$$

となる．(5.50)からわかるように，P_l を x で l 回微分したものは定数に等しい．すなわち

$$\frac{\mathrm{d}^l P_l}{\mathrm{d}x^l} = \frac{(2l)!}{2^l l!} \qquad (5.64)$$

が成り立つ．(5.64)を(5.63)に代入すると

$$\int_{-1}^{1}P_l{}^2 \,\mathrm{d}x = \frac{(2l)!}{(2^l l!)^2}\int_{-1}^{1}(1-x^2)^l \,\mathrm{d}x \qquad (5.65)$$

がえられる．右辺の積分は $x = \sin\theta$ とおくと

$$\int_{-1}^{1}(1-x^2)^l \,\mathrm{d}x = 2\int_{0}^{\pi/2}\cos^{2l+1}\theta \,\mathrm{d}\theta \qquad (5.66)$$

と表される．ここで次の公式

$$\int_0^{\pi/2} \cos^n\theta\, d\theta = \frac{(n-1)(n-3)\cdots 4\cdot 2}{n(n-2)\cdots 3\cdot 1} \qquad (n:\text{奇数}) \quad (5.67)$$

を利用すると，(5.66)は

$$2\cdot\frac{2l\cdot(2l-2)(2l-4)\cdots 4\cdot 2}{(2l+1)(2l-1)(2l-3)\cdots 3\cdot 1} = 2\cdot\frac{2^l l!}{(2l+1)(2l-1)(2l-3)\cdots 3\cdot 1}$$

に等しい．よって，上式を(5.65)に代入し

$$\begin{aligned}
\int_{-1}^1 P_l^2\, dx &= \frac{2}{(2l+1)}\frac{(2l)!}{2^l l!\,(2l-1)(2l-3)\cdots 3\cdot 1} \\
&= \frac{2}{2l+1}\frac{(2l)!}{2l(2l-1)(2l-2)\cdots 4\cdot 3\cdot 2\cdot 1} \\
&= \frac{2}{2l+1} \qquad (5.68)
\end{aligned}$$

が導かれる．

以上のような考察の結果，(5.61),(5.68)をまとめて

$$\int_{-1}^1 P_l(x)P_n(x)\, dx = \frac{2}{2l+1}\delta_{ln} \qquad (5.69)$$

の成り立つことがわかった．上式は，次で述べる球面調和関数の規格化に利用されるであろう．

ルジャンドルの陪関数

以上，(5.38)で $m=0$ の場合を考えてきたが，一般の m に対する解を求めるため，(5.56)を x に関し m 回微分する．その結果

$$(1-x^2)P_l^{(m+2)} - 2(m+1)xP_l^{(m+1)}$$
$$+ [l(l+1)-m(m+1)]P_l^{(m)} = 0 \qquad (5.70)$$

が導かれる(演習問題 5.3 参照)．(5.38)で $\lambda=l(l+1)$ とおき上式と比較すれば，$y \propto P_l^{(m)}$ なることがわかる．したがって

$$P_l^m(x) = (1-x^2)^{m/2}\frac{d^m P_l(x)}{dx^m} \qquad (5.71)$$

の**ルジャンドルの陪関数**を導入すると，(5.37)により Θ は

$$\Theta(x) = A P_l^m(x) \tag{5.72}$$

と表される．A は適当な定数で規格化の条件から決められる．A を決めるため，次の積分

$$I(m) = \int_{-1}^{1} P_l^m(x) P_n^m(x) \, dx \tag{5.73}$$

を考えてみる．上式に (5.71) を代入すると

$$I(m) = \int_{-1}^{1} (1-x^2)^m \frac{d^m P_l}{dx^m} \frac{d^m P_n}{dx^m} dx \tag{5.74}$$

となる．部分積分法を使うと

$$I(m) = \left[(1-x^2)^m \frac{d^{m-1} P_n}{dx^{m-1}} \frac{d^m P_l}{dx^m} \right]_{-1}^{1}$$
$$- \int_{-1}^{1} \frac{d^{m-1} P_n}{dx^{m-1}} \frac{d}{dx} \left[(1-x^2)^m \frac{d^m P_l}{dx^m} \right] dx \tag{5.75}$$

であるが，右辺第1項は0である．ここで (5.70) で m を $(m-1)$ でおきかえた関係

$$(1-x^2) P_l^{(m+1)} - 2mx P_l^{(m)} + [l(l+1)-(m-1)m] P_l^{(m-1)} = 0$$

に注目しよう．上式中の [ ] 内は

$$l^2 + l - m^2 + m = (l-m)(l+m) + (l+m)$$
$$= (l+m)(l-m+1)$$

と表され，したがって

$$(1-x^2) P_l^{(m+1)} - 2mx P_l^{(m)} + (l+m)(l-m+1) P_l^{(m-1)} = 0$$

がえられる．これに $(1-x^2)^{m-1}$ をかけ，多少変形すると

$$\frac{d}{dx} [(1-x^2)^m P_l^{(m)}] = -(l+m)(l-m+1)(1-x^2)^{m-1} P_l^{(m-1)}$$

である．よって，上式を (5.75) に代入し

$$I(m) = (l+m)(l-m+1) \int_{-1}^{1} (1-x^2)^{m-1} \frac{d^{m-1} P_l}{dx^{m-1}} \frac{d^{m-1} P_n}{dx^{m-1}} dx$$

をえる．ここで (5.74) に注意すれば

$$I(m) = (l+m)(l-m+1)I(m-1) \qquad (5.76)$$

という $I(m)$ に対する漸化式が導かれる．(5.76)をくり返し使うと

$$I(m-1) = (l+m-1)(l-m+2)I(m-2), \cdots,$$
$$I(1) = (l+1)lI(0)$$

が成り立つので，$I(m)$ は

$$\begin{aligned}I(m) &= (l+m)(l+m-1)\cdots(l+1)\cdot l\cdot(l-1)\\&\quad\cdots(l-m+2)(l-m+1)I(0)\\&= \frac{(l+m)!}{(l-m)!}I(0)\end{aligned}$$

と表される．$I(0)$ は，すでに求めた(5.69)に等しい．こうして

$$\int_{-1}^{1} P_l{}^m(x)P_n{}^m(x)\,\mathrm{d}x = \frac{2}{2l+1}\frac{(l+m)!}{(l-m)!}\delta_{ln} \qquad (5.77)$$

の公式がえられた．上式を用いると

$$\Theta_l{}^m(x) = \sqrt{\frac{2l+1}{2}\frac{(l-m)!}{(l+m)!}}\;P_l{}^m(x) \qquad (5.78)$$

で定義される $\Theta_l{}^m(x)$ は

$$\int_{-1}^{1}\Theta_l{}^m(x)\Theta_{l'}{}^m(x)\,\mathrm{d}x = \delta_{ll'}, \qquad (5.79)$$

の規格直交性を満足することがわかる．すでに述べたように，$P_l(x)$ は x に関する l 次の多項式である．これを x に関し l 回微分すれば定数となり，さらにもう1回微分すると0になってしまう．したがって，$\Theta_l{}^m(x)$ の m は

$$m = 0,\ 1,\ 2,\ \cdots,\ l \qquad (5.80)$$

の値をとる．

(3) 球面調和関数

だいぶ前にさかのぼるが，(5.26)により，角度 θ, φ に依存する波動関数は $Y(\theta, \varphi) = \Theta(\theta)\Phi(\varphi)$ と表される．(5.32)以下で述べたよ

うに，これまでの m は $|m|$ であったからこの記号を復活させ，(5.30),(5.78)を代入する．適当な規格化定数を選び，Y は l, m によることを考慮し，(5.33)に注意して

$$Y_{lm}(\theta,\varphi) = \sqrt{\frac{2l+1}{4\pi}\frac{(l-|m|)!}{(l+|m|)!}}\, P_l^{|m|}(\cos\theta)e^{im\varphi} \quad (5.81)$$

とする．これを**球面調和関数**(spherical harmonics)という．(5.81)で定義された Y_{lm} は次の規格直交性をもつ．

$$\int Y_{lm}{}^*(\theta,\varphi)Y_{l'm'}(\theta,\varphi)\,\mathrm{d}\Omega = \delta_{ll'}\delta_{mm'} \quad (5.82)$$

ただし，$\mathrm{d}\Omega$ は微小立体角を表し $\mathrm{d}\Omega=\sin\theta\,\mathrm{d}\theta\mathrm{d}\varphi$ を意味する．また，積分範囲は $0\leq\varphi\leq 2\pi$, $0\leq\theta\leq\pi$ である．(5.82)は次のようにして証明される．まず，(5.78)と(5.81)を比べると

$$Y_{lm}(\theta,\varphi) = \Theta_l^{|m|}(\cos\theta)\frac{e^{im\varphi}}{\sqrt{2\pi}} \quad (5.83)$$

である．ここで φ に関する積分は

$$\int_0^{2\pi}\frac{e^{-im\varphi}}{\sqrt{2\pi}}\cdot\frac{e^{im'\varphi}}{\sqrt{2\pi}}\,\mathrm{d}\varphi = \delta_{mm'}$$

と表される．上式により $m=m'$ の場合だけを考えればよい．そうすると，θ に関する積分は

$$\int_0^\pi \Theta_l^{|m|}(\cos\theta)\Theta_{l'}^{|m|}(\cos\theta)\sin\theta\,\mathrm{d}\theta = \int_{-1}^1 \Theta_l^{|m|}(x)\Theta_{l'}^{|m|}(x)\,\mathrm{d}x$$

と書け，上式は(5.79)により $\delta_{ll'}$ に等しい．こうして(5.82)が示された．(5.80)で m は $|m|$ であることを思い出すと，l を固定したとき，可能な m の値は

$$m = 0,\ \pm 1,\ \pm 2,\ \cdots,\ \pm l \quad (5.84)$$

である．したがって，1つの l に対し可能な m の数は $(2l+1)$ 個ということになる．

参考のため，$l=0,1$ に対する球面調和関数の具体的な形を記し

ておく．以下の結果は，(5.51), (5.71), (5.81)などを使えば容易に導くことができる．最初に，$l=0$ だと $m=0$ だけが可能で

$$Y_{0,0} = \frac{1}{\sqrt{4\pi}} \tag{5.85}$$

となり，このときには波動関数が角度に依存しない．次に，$l=1$ だと m のとりうる値は $1, 0, -1$ でこの場合の球面調和関数は

$$Y_{1,1} = \sqrt{\frac{3}{8\pi}} \sin\theta\, e^{i\varphi}, \qquad Y_{1,0} = \sqrt{\frac{3}{4\pi}} \cos\theta,$$
$$Y_{1,-1} = \sqrt{\frac{3}{8\pi}} \sin\theta\, e^{-i\varphi} \tag{5.86}$$

で与えられる．

§3 水素原子

前節の議論により $\lambda = l(l+1)$ がえられたので，これを(5.7)に代入すると，動径方向の方程式は

$$-\frac{\hbar^2}{2m}\frac{1}{r^2}\frac{d}{dr}\left(r^2\frac{dR}{dr}\right) + \frac{\hbar^2}{2m}\frac{l(l+1)}{r^2}R + U(r)R = ER \tag{5.87}$$

と表される．この方程式の物理的解釈として，本来のポテンシャル $U(r)$ に遠心力の効果を表す $(\hbar^2/2m)l(l+1)/r^2$ という項が付け加わったと考えることができる．以下，水素原子の問題を考え，(5.87)を解いていく．電子に働くクーロン力のポテンシャル $U(r) = -e^2/4\pi\varepsilon_0 r$ を(5.87)に代入し，方程式を簡単にするため $\rho = \alpha r$ の変数変換を行うと，(5.87)は

$$-\frac{\hbar^2}{2m}\alpha^2\frac{1}{\rho^2}\frac{d}{d\rho}\left(\rho^2\frac{dR}{d\rho}\right) + \frac{\hbar^2 l(l+1)}{2m}\frac{\alpha^2}{\rho^2}R - \frac{\alpha e^2}{4\pi\varepsilon_0 \rho}R = ER \tag{5.88}$$

と書ける．水素原子の束縛状態を考えると，$E<0$ であるから

とおく. (5.89)を(5.88)に代入し, α を

$$E = -|E| \tag{5.89}$$

$$\frac{\hbar^2}{2m}\alpha^2 = 4|E| \qquad \therefore \ \alpha = \frac{(8m|E|)^{1/2}}{\hbar} \tag{5.90}$$

のように決めると, (5.88)は

$$\frac{1}{\rho^2}\frac{d}{d\rho}\left(\rho^2\frac{dR}{d\rho}\right) - \frac{l(l+1)}{\rho^2}R - \frac{R}{4} + \frac{\alpha e^2}{16\pi\varepsilon_0|E|\rho}R = 0 \tag{5.91}$$

となる. ここで, λ を次のように定義する.

$$\lambda = \frac{\alpha e^2}{16\pi\varepsilon_0|E|} = \frac{e^2(8m|E|)^{1/2}}{16\pi\varepsilon_0|E|\hbar} = \frac{e^2}{4\pi\varepsilon_0\hbar}\left(\frac{m}{2|E|}\right)^{1/2}$$

あるいは, 上式と(2.29) $a = 4\pi\varepsilon_0\hbar^2/me^2$ とから

$$|E| = \frac{e^2}{8\pi\varepsilon_0 a\lambda^2} \tag{5.92}$$

と表される(以上の λ は§2の λ と異なることに注意せよ). 一方, R に対する式は

$$\frac{1}{\rho^2}\frac{d}{d\rho}\left(\rho^2\frac{dR}{d\rho}\right) + \left(\frac{\lambda}{\rho} - \frac{1}{4} - \frac{l(l+1)}{\rho^2}\right)R = 0$$

すなわち

$$\frac{d^2R}{d\rho^2} + \frac{2}{\rho}\frac{dR}{d\rho} + \left(\frac{\lambda}{\rho} - \frac{1}{4} - \frac{l(l+1)}{\rho^2}\right)R = 0 \tag{5.93}$$

と書ける.

以下の課題は固有値 λ の決定だが, このため

$$R(\rho) = F(\rho)\,e^{-\rho/2} \tag{5.94}$$

とし, 新たに $F(\rho)$ という関数を導入する. 微分を表すのに, ダッシュの記号を使うと, (5.94)から

$$\frac{dR}{d\rho} = \left(F' - \frac{F}{2}\right)e^{-\rho/2}$$

$$\frac{d^2R}{d\rho^2} = \left(F'' - F' + \frac{F}{4}\right)e^{-\rho/2}$$

となり，以上を(5.93)に代入すると

$$F'' + \left(\frac{2}{\rho} - 1\right)F' + \left(\frac{\lambda-1}{\rho} - \frac{l(l+1)}{\rho^2}\right)F = 0 \qquad (5.95)$$

がえられる．(5.95), (5.93)を比べると，(5.95)では1/4の項が消えていることがわかる．むしろ，話は逆で，そうなるよう(5.94)の変換を行ったのである．(5.95)の形だと，以下に示すように，方程式の取扱いが簡単になる．

微分方程式の正則特異点

(5.95)を解く1つの方法は，これまで何回かやってきたように F を ρ のべき級数として展開することであろう．しかし，いまの方程式では，$\rho=0$ の近傍で F' の係数が $1/\rho$ の程度，F の係数が $1/\rho^2$ の程度になっている．このような点を**正則特異点**あるいは**正則異常点**という．微分方程式の解は，正則特異点のまわりで単純なべき級数としては表せない．むしろ，いまの問題でいえば，$\rho^s \times (\rho$ のべき級数$)$ の形になることがわかっている．したがって，(5.95)を解くため

$$\begin{aligned}F(\rho) &= \rho^s(a_0 + a_1\rho + a_2\rho^2 + \cdots) \qquad (a_0 \neq 0) \\ &= \sum_{n=0}^{\infty} a_n \rho^{s+n}\end{aligned} \qquad (5.96)$$

とおく．(5.96)から

$$F'(\rho) = \sum a_n(s+n)\rho^{s+n-1}$$
$$F''(\rho) = \sum a_n(s+n)(s+n-1)\rho^{s+n-2}$$

となるので，これらを(5.95)に代入すると

$$\sum a_n(s+n)(s+n-1)\rho^{s+n-2} + 2\sum a_n(s+n)\rho^{s+n-2}$$
$$- \sum a_n(s+n)\rho^{s+n-1} + (\lambda-1)\sum a_n\rho^{s+n-1}$$
$$- l(l+1)\sum a_n\rho^{s+n-2} = 0$$

がえられる．ρ^{s+n-2} の係数を 0 とおき

$$a_n(s+n)(s+n-1)+2a_n(s+n)-a_{n-1}(s+n-1)$$
$$+(\lambda-1)a_{n-1}-l(l+1)a_n = 0 \qquad (5.97)$$

が導かれる.上式で $n=0$ とおくと, a_{-1} というのは,もともとの展開式に存在しないので, $a_{-1}=0$ と考えないといけない.したがって

$$[s(s-1)+2s-l(l+1)]a_0 = 0$$

となる. $a_0 \neq 0$ と仮定しているから[ ]は 0 となり,これから s が決まる.すなわち

$$s^2+s-l(l+1) = 0 \qquad \therefore (s+l+1)(s-l) = 0 \quad (5.98)$$

で, s は l かまたは $-(l+1)$ と決められる.後者の場合には, $F(\rho)$ が $\rho \to 0$ で発散するので除外することにする.すなわち

$$s = l \qquad (5.99)$$

とおく.

(5.99)を(5.97)に代入すると

$$a_n[(l+n)(l+n-1)+2(l+n)-l(l+1)] = a_{n-1}(l+n-\lambda)$$

である.[ ]内は $(l+n)(l+1+n)-l(l+1)=ln+n(l+1)+n^2=n(2l+1+n)$ と変形される.よって

$$a_n = \frac{(l+n-\lambda)a_{n-1}}{n(2l+1+n)} \qquad (n \geq 1) \qquad (5.100)$$

がえられる.(5.100)を使うと, a_0 から a_1 がわかり,以下, a_2, a_3,… が決められる.

λ の決定

これまでと同様な方法で固有値 λ を決めよう.もし, $F(\rho)$ が無限級数になれば, n が十分大きいとき,(5.100)から

$$a_n \sim \frac{a_{n-1}}{n} \qquad \therefore a_n \sim \frac{1}{n!} \qquad (5.101)$$

の程度であることがわかる.したがって,(5.96),(5.99)から $F(\rho)$

$\sim \rho^l e^\rho$ となり,さらに(5.94)により $R(\rho) \sim \rho^l e^{\rho/2}$ がえられる.この波動関数は $\rho \to \infty$ すなわち $r \to \infty$ で発散するので物理的に不合理である.よって,$F(\rho)$ が無限級数になる場合を除外しなければならない.

(5.100)により $F(\rho)$ が有限級数になるのは

$$\lambda = l+n \tag{5.102}$$

が成り立つときであり,これで λ が求まったことになる.(5.102)で $l=0,1,2,\cdots$ また $n=1,2,3,\cdots$ であるから,λ は

$$\lambda = 1, 2, 3, \cdots \tag{5.103}$$

の値をとる.

水素原子のエネルギー準位

(5.103)で λ が求まったので,エネルギー固有値 E は,(5.89),(5.92)により

$$E = -\frac{e^2}{8\pi\varepsilon_0 a \lambda^2} \quad (\lambda=1,2,3,\cdots) \tag{5.104}$$

と表される.この λ を**全量子数**という.(5.104)を(2.32)と比較すると,両者は完全に一致している.したがって,(5.104)はボーアの理論と同様に,水素原子が放出する光のスペクトルを見事に説明することができる.さらに,ボーアの理論と異なり,現理論は個々のエネルギー準位が何重に縮退しているかを明らかにしてくれる.(5.102)を使うと,$l=0,1,2$ に対応する λ の値は,それぞれつぎのように

$$l = 0 : \lambda = 1, 2, 3, \cdots$$
$$l = 1 : \lambda = 2, 3, 4, \cdots$$
$$l = 2 : \lambda = 3, 4, 5, \cdots$$

で与えられる.通常,$l=0,1,2$ に対応して s, p, d といった記号を用いる.また,§2で述べたように,l が決まると,m は $(2l+1)$

個の可能な値をとる．すなわち，l の状態は $(2l+1)$ 重に縮退している．いいかえると，この状態の縮退度は $(2l+1)$ である．例えば，$l=0,1,2$ の縮退度は，それぞれ 1, 3, 5 となる．

エネルギー準位を表すのにふつう λ の値を書き，その右に s, p といった記号を付ける．例えば，$\lambda=2, l=1$ の状態を 2p と書く．このような表記を使うと，可能なエネルギー準位は

$$
\begin{array}{llll}
1s, & 2s, & 3s, & 4s, \quad \cdots \\
    & 2p, & 3p, & 4p, \quad \cdots \\
    &   & 3d, & 4d, \quad \cdots \\
    &   &   & \cdots \quad \cdots
\end{array}
$$

と表される．$\lambda=1$ では $l=0$ だけが許されるので縮退度は 1 である．$\lambda=2, 3$ における縮退度は，それぞれ $1+3=4$, $1+3+5=9$ となる．一般に，全量子数 λ の状態の縮退度は λ^2 である．すなわち，$l=0, 1, \cdots, (\lambda-1)$ が許されるので，縮退度は

$$\sum_{l=0}^{\lambda-1} (2l+1) = \lambda(\lambda-1) + \lambda = \lambda^2$$

と計算される．実際には，電子がスピンという内部自由度をもち，スピンが上を向くか，下を向くかの 2 通りの可能性があるので，全体の縮退度は上の値の 2 倍すなわち $2\lambda^2$ に等しい．

軌道角運動量

これまでに，l とか m という量が現れてきたが，その物理的な意味を考えてみる．点 O から測った粒子の位置ベクトルを $\boldsymbol{r}$，粒子の運動量を $\boldsymbol{p}$ としたとき（図 5.7）

$$\boldsymbol{L} = \boldsymbol{r} \times \boldsymbol{p} \qquad (5.105)$$

で定義される $\boldsymbol{L}$ を点 O のまわりの角運動量という．(5.105) は古典力学での定義だが，量子力学ではスピンという古典力学にはない角運動量が登場してくるので，これと区別するため，(5.105)

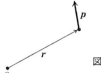

図 5.7　軌道角運動量

の L をとくに**軌道角運動量**という．(5.105)の x 成分をとると

$$L_x = yp_z - zp_y \tag{5.106}$$

である．このエルミート共役をとり，y と p_z 同士，z と p_y 同士が可換なことに注意すると

$$(L_x)^\dagger = p_z y - p_y z = L_x$$

が成り立つので，L_x はエルミート演算子である．L_y, L_z も同様で，したがって(5.105)の古典的な定義は，量子力学の立場でも，物理量を表すと考えられる．

水素原子の場合，陽子の位置を原点にとり，電子の x, y, z 座標を極座標で表すと

$$x = r\sin\theta\cos\varphi, \quad y = r\sin\theta\sin\varphi, \quad z = r\cos\theta \tag{5.107}$$

である．ここで，ψ を任意関数とし

$$\begin{aligned}
\frac{\partial \psi}{\partial \varphi} &= \frac{\partial \psi}{\partial x}\frac{\partial x}{\partial \varphi} + \frac{\partial \psi}{\partial y}\frac{\partial y}{\partial \varphi} + \frac{\partial \psi}{\partial z}\frac{\partial z}{\partial \varphi} \\
&= -r\sin\theta\sin\varphi\frac{\partial \psi}{\partial x} + r\sin\theta\cos\varphi\frac{\partial \psi}{\partial y} \\
&= \left(x\frac{\partial}{\partial y} - y\frac{\partial}{\partial x}\right)\psi
\end{aligned}$$

の関係に注意する．ところで，L_z は量子力学では，次のような演算子で表される．

$$L_z = xp_y - yp_x = \frac{\hbar}{i}\left(x\frac{\partial}{\partial y} - y\frac{\partial}{\partial x}\right)$$

したがって，上述の関係から

$$L_z = -i\hbar\frac{\partial}{\partial \varphi} \tag{5.108}$$

が導かれる．すでに述べたように，電子の波動関数は

$$\psi = R(r)Y_{lm}(\theta,\varphi), \qquad Y_{lm} = \Theta(\theta)\,\mathrm{e}^{im\varphi} \tag{5.109}$$

と書ける．よって

$$L_z\psi = m\hbar\psi \tag{5.110}$$

が成立する．これからわかるように，ψ は L_z の固有関数で，$m\hbar$ はその固有値を表す．

次に，l の意味を調べるため，L_x, L_y を考える．これらは，極座標を用いると

$$L_x = i\hbar\left(\sin\varphi\frac{\partial}{\partial\theta} + \cot\theta\cos\varphi\frac{\partial}{\partial\varphi}\right) \tag{5.111}$$

$$L_y = i\hbar\left(-\cos\varphi\frac{\partial}{\partial\theta} + \cot\theta\sin\varphi\frac{\partial}{\partial\varphi}\right) \tag{5.112}$$

で与えられる(演習問題 5.4 参照)．上の2式から $L_x{}^2 + L_y{}^2$ を計算する．そのさい，例えば $\partial/\partial\varphi$ は $\cos\varphi$ と可換ではないことに注意する．このような注意を払うと

$$\begin{aligned}
L_x{}^2 &+ L_y{}^2 \\
= -\hbar^2 &\Bigg\{\frac{\partial^2}{\partial\theta^2} + \cot^2\theta\left[\cos\varphi\frac{\partial}{\partial\varphi}\left(\cos\varphi\frac{\partial}{\partial\varphi}\right) + \sin\varphi\frac{\partial}{\partial\varphi}\left(\sin\varphi\frac{\partial}{\partial\varphi}\right)\right] \\
&+ \sin\varphi\frac{\partial}{\partial\theta}\left(\cot\theta\cos\varphi\frac{\partial}{\partial\varphi}\right) + \cot\theta\cos\varphi\frac{\partial}{\partial\varphi}\left(\sin\varphi\frac{\partial}{\partial\theta}\right) \\
&- \cos\varphi\frac{\partial}{\partial\theta}\left(\cot\theta\sin\varphi\frac{\partial}{\partial\varphi}\right) - \cot\theta\sin\varphi\frac{\partial}{\partial\varphi}\left(\cos\varphi\frac{\partial}{\partial\theta}\right)\Bigg\}
\end{aligned} \tag{5.113}$$

がえられる．任意の ψ に対し

§3 水素原子

$$\frac{\partial}{\partial \varphi}\Big(\cos \varphi \frac{\partial}{\partial \varphi}\Big)\psi = \frac{\partial}{\partial \varphi}\Big(\cos \varphi \frac{\partial \psi}{\partial \varphi}\Big) = -\sin \varphi \frac{\partial \psi}{\partial \varphi} + \cos \varphi \frac{\partial^2 \psi}{\partial \varphi^2}$$

が成り立つ．よって

$$\frac{\partial}{\partial \varphi}\Big(\cos \varphi \frac{\partial}{\partial \varphi}\Big) = -\sin \varphi \frac{\partial}{\partial \varphi} + \cos \varphi \frac{\partial^2}{\partial \varphi^2}$$

となる．同様にして

$$\frac{\partial}{\partial \varphi}\Big(\sin \varphi \frac{\partial}{\partial \varphi}\Big) = \cos \varphi \frac{\partial}{\partial \varphi} + \sin \varphi \frac{\partial^2}{\partial \varphi^2}$$

である．したがって，(5.113)中の[　]内の演算子は $\partial^2/\partial \varphi^2$ に等しい．次に，同じような方法を用いると

$$\frac{\partial}{\partial \theta}\Big(\cot \theta \cos \varphi \frac{\partial}{\partial \varphi}\Big) = \frac{d(\cot \theta)}{d\theta}\cos \varphi \frac{\partial}{\partial \varphi} + \cot \theta \cos \varphi \frac{\partial^2}{\partial \theta \partial \varphi}$$

$$\frac{\partial}{\partial \theta}\Big(\cot \theta \sin \varphi \frac{\partial}{\partial \varphi}\Big) = \frac{d(\cot \theta)}{d\theta}\sin \varphi \frac{\partial}{\partial \varphi} + \cot \theta \sin \varphi \frac{\partial^2}{\partial \theta \partial \varphi}$$

がえられる．上式に左側から $\sin \varphi$，下式に左側から $-\cos \varphi$ をかけて加えると0になる．最後に

$$\frac{\partial}{\partial \varphi}\Big(\sin \varphi \frac{\partial}{\partial \theta}\Big) = \cos \varphi \frac{\partial}{\partial \theta} + \sin \varphi \frac{\partial^2}{\partial \varphi \partial \theta}$$

$$\frac{\partial}{\partial \varphi}\Big(\cos \varphi \frac{\partial}{\partial \theta}\Big) = -\sin \varphi \frac{\partial}{\partial \theta} + \cos \varphi \frac{\partial^2}{\partial \varphi \partial \theta}$$

を用いると

$$\cos \varphi \frac{\partial}{\partial \varphi}\Big(\sin \varphi \frac{\partial}{\partial \theta}\Big) - \sin \varphi \frac{\partial}{\partial \varphi}\Big(\cos \varphi \frac{\partial}{\partial \theta}\Big) = \frac{\partial}{\partial \theta}$$

となる．これらの関係を(5.113)に代入すると

$$L_x{}^2 + L_y{}^2 = -\hbar^2 \Big(\frac{\partial^2}{\partial \theta^2} + \cot^2 \theta \frac{\partial^2}{\partial \varphi^2} + \cot \theta \frac{\partial}{\partial \theta}\Big) \qquad (5.114)$$

と表される．一方，(5.108)により

$$L_z{}^2 = -\hbar^2 \frac{\partial^2}{\partial \varphi^2} \qquad (5.115)$$

である．したがって，角運動量の大きさの2乗 L^2 を表す演算子は，(5.114), (5.115) より

$$L^2 = L_x^2 + L_y^2 + L_z^2$$
$$= -\hbar^2 \left[\frac{\partial^2}{\partial \theta^2} + \cot\theta \frac{\partial}{\partial \theta} + (\cot^2\theta + 1)\frac{\partial^2}{\partial \varphi^2} \right] \quad (5.116)$$

となる．次の関係

$$\cot^2\theta + 1 = \frac{\cos^2\theta + \sin^2\theta}{\sin^2\theta} = \frac{1}{\sin^2\theta}$$

$$\frac{\partial^2}{\partial \theta^2} + \cot\theta \frac{\partial}{\partial \theta} = \frac{1}{\sin\theta}\frac{\partial}{\partial \theta}\left(\sin\theta \frac{\partial}{\partial \theta}\right)$$

に注意し，(5.3) を思い出すと

$$L^2 = -\hbar^2 \Lambda \quad (5.117)$$

がえられる．一方，(5.109) の ψ に対して

$$\Lambda \psi = -l(l+1)\psi$$

が成り立つ．よって

$$L^2 \psi = \hbar^2 l(l+1)\psi \quad (5.118)$$

と書ける．この式は，ψ が L^2 の固有関数であることを示し，その固有値は $\hbar^2 l(l+1)$ である．このように，l は角運動量の大きさに関係した量であることがわかる．

演習問題

5.1 極座標に対する表式

$$x = r\sin\theta\cos\varphi, \quad y = r\sin\theta\sin\varphi, \quad z = r\cos\theta$$

を用いて，$(ds)^2 = (dx)^2 + (dy)^2 + (dz)^2$ を計算し，これが

$$(ds)^2 = g_1^2(dr)^2 + g_2^2(d\theta)^2 + g_3^2(d\varphi)^2$$

となることを示せ．

5.2 次の Θ に対する微分方程式

$$\frac{\mathrm{d}}{\mathrm{d}x}\left[(1-x^2)\frac{\mathrm{d}\Theta}{\mathrm{d}x}\right]+\left(\lambda-\frac{m^2}{1-x^2}\right)\Theta = 0$$

において

$$\Theta = (1-x^2)^{m/2}y$$

とおくと,y に対する微分方程式はどのようになるか.

5.3 ルジャンドルの微分方程式

$$(1-x^2)P_l''-2xP_l'+l(l+1)P_l = 0$$

を x に関し m 回微分した方程式を求めよ.

5.4 軌道角運動量の x, y 成分は

$$L_x = \frac{\hbar}{i}\left(y\frac{\partial}{\partial z}-z\frac{\partial}{\partial y}\right), \quad L_y = \frac{\hbar}{i}\left(z\frac{\partial}{\partial x}-x\frac{\partial}{\partial z}\right)$$

で与えられる.L_x, L_y を極座標に関する演算子として表せ.

第6章 さらに勉学を進めたい人のために

これまでの章で量子力学の入門的な事項を詳しく説明してきた．ここではさらに勉学を進めたい人のために，量子力学のより進んだテーマについて若干のガイダンスを試みよう．ただし，詳細な説明に立ち入るほどのゆとりはないので，以下の記述はかなり概念的なものであることをあらかじめお断わりしておきたい．§4にいくつかの参考書を挙げておく．詳しい勉強をしたい読者は，これらを参考にしていただきたい．

§1 スピンと量子統計

第5章の終りで軌道角運動量について述べたが，これらの x, y, z 成分，すなわち

$$L_x = yp_z - zp_y, \quad L_y = zp_x - xp_z, \quad L_z = xp_y - yp_x \tag{6.1}$$

に対して，次の交換関係の成り立つことがわかる．

$$[L_x, L_y] = i\hbar L_z, \quad [L_y, L_z] = i\hbar L_x, \quad [L_z, L_x] = i\hbar L_y \tag{6.2}$$

あるいは，上の関係を形式的に

$$\boldsymbol{L} \times \boldsymbol{L} = i\hbar \boldsymbol{L} \tag{6.3}$$

と書くこともある．古典的に考えれば，同じベクトル同士のベクトル積は0となるが，いまの場合，$\boldsymbol{L}$ は演算子なので，例えば (6.3) の z 成分をとると，$L_x L_y - L_y L_x = i\hbar L_z$ となって，(6.2) の一番左の関係が導かれるわけである．

(6.2)の交換関係と $L^2=L_x^2+L_y^2+L_z^2$ の定義式とを用いると，代数的な方法で，L_z と L^2 の固有値が求められる．その結果，一般に

$$L^2 \text{の固有値} = \hbar^2 J(J+1) \tag{6.4a}$$
$$L_z \text{の固有値} = \hbar M$$
$$(M=-J, -J+1, \cdots, J) \tag{6.4b}$$

であることが導かれる．ただし，(6.4a)で J の可能な値として

$$J = 0, \ \frac{1}{2}, \ 1, \ \frac{3}{2}, \ 2, \cdots \tag{6.5}$$

というふうに，0および正の整数と半整数（奇数を2で割った数）とが許される．この J として，$l=0, 1, 2, \cdots$ としたのが(5.118)で，したがってこの場合は軌道角運動量を表すことがわかる．それに反し，(6.5)で半整数の J は，古典的な対応がない，量子力学に固有な角運動量を表す．この角運動量は，いわば粒子の自転に対応するものと考えられ，それを**スピン**とよんでいる．通常，スピン角運動量を表すのに S という記号を用いる．また，その大きさを S と書く．S のとりうる値は，(6.5)で与えられる．例えば，電子の場合，$S=1/2$ である．(6.4b)により，$S=1/2$ だと，M の値として $-1/2$ か $1/2$ が許される．これらをそれぞれ下向きのスピンあるいは上向きのスピンという．電子の自転が右回りかあるいは左回りかに相当すると考えてもよい．

一般に，量子力学的な粒子は，その粒子に固有なスピンの大きさ S をもつ．S が $0, 1, 2, \cdots$ の整数値をとるとき，その粒子を**ボース粒子**，$1/2, 3/2, \cdots$ の半整数値をとる粒子を**フェルミ粒子**という．例えば，電子は $S=1/2$ なのでフェルミ粒子，また，⁴He原子はスピン0をもちボース粒子である．ボース粒子あるいはフェルミ粒子の集りがあるとき，その全系はそれぞれ**ボース**（また

はボース・アインシュタイン)統計あるいはフェルミ(またはフェルミ・ディラック)統計にしたがう．また，この両方の統計を**量子統計**という．量子統計は，古典力学では現れない，量子力学に特有な概念で，全系の波動関数に特殊な対称性を要求する．

これまで粒子の位置は座標 r で表されるとしてきたが，これと同じように，スピンは適当な座標で表されるとし，これをスピン座標という．何個かの粒子の集団があるとき，記号を簡単にするため，例えば，1番目の粒子の位置座標 r_1，スピン座標 s_1 を一緒にして単に1と書くことにすれば，ボース統計の場合には，全系の波動関数に対して

$$\phi(2,1,3,\cdots) = \phi(1,2,3,\cdots) \tag{6.6}$$

の条件が要求される．すなわち，任意の2つの粒子を交換しても波動関数は変わらない．一方，フェルミ統計では

$$\phi(2,1,3,\cdots) = -\phi(1,2,3,\cdots) \tag{6.7}$$

となり，2つの粒子を交換すると波動関数の符号が変わる．このような量子統計は，原子の電子構造，低温における電子集団の比熱などを理解するさい重要な役割を演じる．

§2　近似方法

これまでの章で，1次元調和振動子，水素原子などの例を取り上げ，これらの問題では厳密な解がえられることを示した．しかし，これらの例はいわば量子力学のきれいごとであり，一般の量子力学的体系でその厳密解を求めるのは至難の技である．こんな場合には，なんらかの近似方法に頼らざるをえないが，その代表的な方法として，以下，摂動論，変分法について簡単に触れておこう．このような近似的な解法は，現在の量子力学的な問題においても有効に使われている方法である．

(1) 摂動論

いま,ハミルトニアン H が
$$H = H_0 + \lambda H' \tag{6.8}$$
という形をもち,H_0 に対しては問題が正確に解けているものとする.すなわち,H_0 に関するシュレーディンガー方程式
$$H_0 u_n = E_n u_n \quad (n=1, 2, 3, \cdots) \tag{6.9}$$
で,E_n, u_n は既知であるとする.(6.8)で λ は適当なパラメターだが,もし $\lambda=0$ ならば,(6.9)で全系の解が与えられることになる.したがって,H に対するシュレーディンガー方程式
$$H\phi = W\phi \tag{6.10}$$
で,λ が十分小さければ,エネルギー固有値 W や固有関数 ϕ は λ のべき級数として展開できるであろう.このような考えで(6.10)を解く方法を**摂動論**(perturbation theory)という.また,H_0 を**非摂動ハミルトニアン**(unperturbed Hamiltonian),$\lambda H'$ を**摂動項**(perturbation term)という.

(6.10)で,ϕ, W を λ のべき級数で表し,これを
$$\phi = \phi_0 + \lambda \phi_1 + \lambda^2 \phi_2 + \cdots \tag{6.11}$$
$$W = W_0 + \lambda W_1 + \lambda^2 W_2 + \cdots \tag{6.12}$$
とする.(6.11),(6.12)を(6.10)に代入し,λ の各べきの係数を比較すると
$$H_0 \phi_0 = W_0 \phi_0 \tag{6.13 a}$$
$$H_0 \phi_1 + H' \phi_0 = W_0 \phi_1 + W_1 \phi_0 \tag{6.13 b}$$
$$H_0 \phi_2 + H' \phi_1 = W_0 \phi_2 + W_1 \phi_1 + W_2 \phi_0 \tag{6.13 c}$$
$$\vdots$$
といった一連の関係がえられる.(6.13 a)は(6.9)と同形の方程式なので,W_0 は非摂動ハミルトニアンの固有値のどれかと一致する.これを E_n としよう.すなわち

$$W_0 = E_n \tag{6.14}$$

とする.この E_n を**非摂動エネルギー**(unperturbed energy)という.また,E_n に属する状態には縮退がないとすれば,固有関数の1つが決まるから

$$\phi_0 = u_n \tag{6.15}$$

とおける.もしも縮退があると,固有関数の適当な1次結合をとって,これを ϕ_0 としなければならない.この場合には,事情が多少複雑になるので,これ以上立ち入らないことにする.

(6.14), (6.15) を (6.13 b) に代入すると

$$H_0\phi_1 + H'u_n = E_n\phi_1 + W_1 u_n \tag{6.16}$$

がえられる.H_0 の固有関数が完全系をつくるとすれば,任意の関数は $u_1, u_2, u_3, \cdots$ で展開される.よって,(6.16) を処理するため,ϕ_1 を

$$\phi_1 = \sum a_m u_m \tag{6.17}$$

と表す.(6.17) を (6.16) に代入し,左側から $u_k{}^*$ をかけて積分し,関数系 $u_1, u_2, \cdots$ は規格直交系であるとすれば

$$E_k a_k + H_{kn}' = E_n a_k + W_1 \delta_{nk} \tag{6.18}$$

となる.ただし,ここで (4.107) のような行列要素 H_{kn}' を導入した.(6.18) で $k=n$ とおけば

$$W_1 = H_{nn}' \tag{6.19}$$

である.この W_1 はエネルギー固有値に対する展開 (6.12) で λ の1次の項に相当するので,**1次の摂動エネルギー**とよばれる.また,(6.18) で $k \neq n$ とすれば

$$a_k = \frac{H_{kn}'}{E_n - E_k} \tag{6.20}$$

となり,これを (6.17) に代入すれば,固有関数の1次の項が求まったことになる.

以上のようにしてえられた W_1, ψ_1 などを(6.13c)に代入し，同様な方法を適用すると，W_2, ψ_2 が計算される．W_2 は**2次の摂動エネルギー**とよばれるが，これは

$$W_2 = \sum_m{}' \frac{H_{nm}{}' H_{mn}{}'}{E_n - E_m} \tag{6.21}$$

と表される．ここで総和記号にダッシュをつけたのは，m で和をとるとき，$m=n$ の項は除外することを意味する．

上で大略を説明したように，摂動論では，非摂動ハミルトニアンの適当な固有関数を出発点とし，次から次へと逐次に近似が進められていく．もちろん，(6.12)の λ のべき級数が本当に収束するかどうかは難しい問題であるが，たとえこの級数が発散したとしても，結果は漸近展開を表すと考えられる．また，ここでは時間によらないシュレーディンガー方程式を扱ったが，同様な方法は時間を含んだシュレーディンガー方程式を解くのにも適用されている．このような摂動論は，量子力学の各分野で有効に使われている方法である．

例題　1次元非調和振動子

分子や固体原子の振動を考察するとき，振動の振幅が十分小さければ，この振動を調和振動と考えてよい．しかし，振幅が大きくなるとポテンシャルの高次の項(非調和項)を無視することができず，その場合の振動は非調和振動となる．このような非調和振動の簡単な例として，1次元の振動を考え，次のハミルトニアン

$$H = \frac{p^2}{2m} + \frac{m\omega^2 x^2}{2} + \frac{\lambda}{4} x^4 \tag{6.22}$$

を考えてみよう．このハミルトニアンの第1，第2項はこれまで扱ってきた1次元調和振動子を表す．上式で x^4 を含む項が非調和項であるが，λ を小さいと考え，1次の摂動エネルギーを求めて

みる.この系の非摂動ハミルトニアンとして

$$H_0 = \frac{p^2}{2m} + \frac{m\omega^2 x^2}{2} \tag{6.23}$$

とするのが自然である.(3.177)で上述のハミルトニアンに対する固有関数 $\psi_n(x)$ を既に導いた.(6.19)により W_1 を計算するには $\langle n|x^4|n\rangle$ を求める必要がある.演習問題3.8でえた $\langle m|x|n\rangle$ を利用して,(4.120)で $\langle n|x^2|n\rangle$ を計算したが,同様な手続きをくり返すと $\langle m|x^2|n\rangle$ が計算される.そこで,行列の演算

$$\langle n|x^4|n\rangle = \sum_m \langle n|x^2|m\rangle \langle m|x^2|n\rangle$$

を利用すると,$\langle n|x^4|n\rangle$ が求められる.その結果は

$$\langle n|x^4|n\rangle = \left(\frac{\hbar}{m\omega}\right)^2 \frac{3}{4}(2n^2+2n+1) \tag{6.24}$$

と表される.したがって,系のエネルギー固有値は,λの1次までの範囲で

$$W_n = \hbar\omega\left(n+\frac{1}{2}\right) + \frac{3\lambda}{16}\left(\frac{\hbar}{m\omega}\right)^2(2n^2+2n+1) \tag{6.25}$$

で与えられる.

(2) 変分法

摂動論とともによく使われる近似方法が標題の変分法である.この方法は,系の基底状態ならびに励起状態に適用できるが,ここでは簡単のため,基底状態に話を限ることにする.いま,与えられたハミルトニアン H の固有関数を u_n,エネルギー固有値を E_n とすれば

$$Hu_n = E_n u_n \tag{6.26}$$

が成り立つ.便宜上,基底状態のエネルギーを E_0 とすれば,当然 $E_n \geq E_0$ $(n=1,2,3,\cdots)$ の関係が成立する.ここで任意の関数 ψ を考え,これを

§2 近似方法

$$\phi = \sum_{n=0}^{\infty} A_n u_n \qquad (6.27)$$

と展開しよう.上式に H を作用させ,(6.26)を用いると

$$\int \phi^* H\phi \, dv = \sum_{n,m} \int A_n{}^* u_n{}^* H A_m u_m \, dv$$
$$= \sum_n E_n |A_n|^2 \qquad (6.28)$$

がえられる.ただし,$u_0, u_1, u_2, \cdots$ は規格直交系であるとした.同様に

$$\int \phi^* \phi \, dv = \sum_n |A_n|^2 \qquad (6.29)$$

と表される.$E_n \geq E_0$ であり,また $|A_n|^2$ は正の量である.したがって,(6.28)で

$$\sum_n E_n |A_n|^2 \geq E_0 \sum_n |A_n|^2$$

となり,その結果

$$E_0 \leq \frac{\int \phi^* H\phi \, dv}{\int \phi^* \phi \, dv} \qquad (6.30)$$

の関係が成り立つ.すなわち,上式右辺の量は E_0 に対する上限を与える.

変分法では,(6.30)の性質を利用し,適当な**試行関数**(trial function)を導入して,(6.30)の右辺をなるべく小さくすることによって E_0 の近似値を求める.どんな関数 ϕ に対しても(6.30)が成立するのであるから,この式の右辺が小さければ小さいほど,E_0 の真の値に近いというわけである.通常,適当な**変分パラメター**(variational parameter)を含む関数の集合を考え,このパラメターをいろいろ変えて(6.30)の右辺を最小化するという方法が使われる.どんな試行関数を採用するかは問題により異なるが,物理

的な点からみてなるべくもっともらしい，そして(6.30)の右辺が正確に計算できるような関数が望ましい．

例題 水素原子の基底状態

この場合の厳密解はすでにわかっているから，わざわざ近似的に解く必要はない．しかし，変分法の1つのテストとして

$$\phi = C e^{-\mu^2 r^2} \tag{6.31}$$

という試行関数を採用してみる．ここで，μ が変分パラメーターである．乗数 C は(6.30)の右辺を計算するとき，分母，分子で打ち消し合ってしまう．水素原子のハミルトニアンは

$$H = -\frac{\hbar^2}{2m}\left(\frac{\partial^2}{\partial r^2} + \frac{2}{r}\frac{\partial}{\partial r} + \frac{\Lambda}{r^2}\right) - \frac{e^2}{4\pi\varepsilon_0 r} \tag{6.32}$$

で与えられるが，(6.31)を用いて(6.30)の右辺を計算し，多少整理するとその結果は

$$\frac{3\hbar^2}{2m}\left(\mu - \frac{2m}{3\hbar^2}\frac{e^2}{4\pi\varepsilon_0}\sqrt{\frac{2}{\pi}}\right)^2 - \frac{4}{3\pi}\frac{m}{\hbar^2}\left(\frac{e^2}{4\pi\varepsilon_0}\right)^2 \tag{6.33}$$

と表される．これを最小にするには，第1項が0になるよう μ を選べばよい．こうして，基底状態のエネルギー固有値に対する近似値として

$$E_0 = -\frac{4}{3\pi}\frac{m}{\hbar^2}\left(\frac{e^2}{4\pi\varepsilon_0}\right)^2 \tag{6.34}$$

がえられた．一方，(5.104)で $\lambda=1$ とおき，ボーア半径 a に対する表式(2.29)を代入すると，E_0 の正確な値は

$$E_0 = -\frac{1}{2}\frac{m}{\hbar^2}\left(\frac{e^2}{4\pi\varepsilon_0}\right)^2 \tag{6.35}$$

と表される．(6.34)で $4/3\pi = 0.435\cdots$ なので，確かに(6.34)は真の値の上限になっている．また，いまの試行関数では，E_0 の近似値は正確な値のほぼ90%程度で，かなり近似のよいことがわかる．

§3 散乱理論

 第5章の§3で水素原子の問題を考えたとき,エネルギー固有値は負であると仮定し,その束縛状態を論じた.しかし,もし E が正ならどんなことが起こるのであろうか.この場合,電子の波動関数は陽子から遠く離れた所で近似的に平面波となり,また E は離散的でなく連続的な値をとる.すなわち,第3章の§3でちょっと触れた連続固有値が実現する.この節では,(1)で連続固有値の簡単な例を取り扱い,ひき続き,(2)で散乱理論をごく簡単に紹介しよう.

(1) 1次元の体系における連続固有値

 一直線上を運動する質量 m の粒子に,次のポテンシャル

$$U(x) = \begin{cases} 0 & (x<0,\ x>a) \\ U_0 & (0<x<a) \end{cases} \qquad (6.36)$$

が働くとする(図6.1).

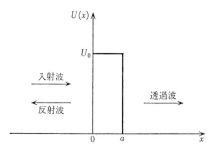

図6.1 (6.36)のポテンシャルと入射波,反射波,透過波

$x<0$ または $x>a$ におけるシュレーディンガー方程式は

$$-\frac{\hbar^2}{2m}\frac{d^2\psi}{dx^2} = E\psi \qquad (6.37)$$

と表される.エネルギー固有値 E を正と仮定すれば,(6.37)の解は,e^{ikx} あるいは e^{-ikx} という平面波となる.ただし,波数 k は

$$k = \frac{\sqrt{2mE}}{\hbar} \qquad (6.38)$$

で与えられる. ここで E は正の任意の値をとるものとする.

いま, ポテンシャルの壁の左側から右向きに粒子を当てたとしよう. この粒子は, $A\,e^{ikx}$ という**入射波**として記述される. この波の一部はポテンシャルの壁を乗り越え, $x>a$ における**透過波** $C\,e^{ikx}$ となり, また, 残りの部分はポテンシャルの壁ではね返され $x<0$ における**反射波** $B\,e^{-ikx}$ となる(図6.1). よって, 波動関数 $\phi(x)$ は

$$\phi(x) = \begin{cases} A\,e^{ikx} + B\,e^{-ikx} & (x<0) \\ C\,e^{ikx} & (x>a) \end{cases} \qquad (6.39)$$

と表される. 一方, $0<x<a$ の領域における波動関数は, $E>U_0$ とすれば, 上と同様にして

$$\phi(x) = F\,e^{i\alpha x} + G\,e^{-i\alpha x} \qquad (0<x<a) \qquad (6.40)$$

で与えられる. ただし, α は

$$\alpha = \frac{\sqrt{2m(E-U_0)}}{\hbar} \qquad (6.41)$$

で定義される.

シュレーディンガー方程式を解くには, $x=0$ と $x=a$ とで $\phi(x)$, $d\phi(x)/dx$ が連続になるようにすればよい. これは4個の条件式を与える. これに反して, (6.39), (6.40)には A, B, C, F, G の5個の未知量が含まれている. したがって, 条件の数の方が少ないから, 未知量を一義的に決定することはできない. 決められる量は, B/A, C/A といった比だけである. やや面倒な計算を実行すると, これらの比に対して

$$\left|\frac{B}{A}\right|^2 = \frac{(k^2-\alpha^2)^2 \sin^2 \alpha a}{(k^2-\alpha^2)^2 \sin^2 \alpha a + 4k^2\alpha^2} \qquad (6.42)$$

$$\left|\frac{C}{A}\right|^2 = \frac{4k^2\alpha^2}{(k^2-\alpha^2)^2\sin^2\alpha a + 4k^2\alpha^2} \tag{6.43}$$

の結果がえられる．(6.42)は入射波のうちどれだけが反射されるかを表す量で，これを**反射率**という．同様に，(6.43)を**透過率**という．反射率と透過率との和が1であることは容易に確かめられる．

以上，$E>U_0$と仮定してきたが，$0<E<U_0$の場合も同様な計算ができる．あるいは次のように考えてもよい．この場合には，(6.41)で定義されるαは純虚数となるが，これを

$$\alpha = i\beta, \quad \beta = \frac{\sqrt{2m(U_0-E)}}{\hbar} \tag{6.44}$$

と表す．また，$\sin \alpha a$は

$$\sin i\beta a = i\sinh \beta a \tag{6.45}$$

と書けるので，(6.44),(6.45)を(6.43)に代入すれば，いまの場合の透過率が求まる．この透過率は一般に0とならず，よってこの現象は第3章でも述べたトンネル効果を表すことになる．

(2) 3次元における散乱

1つの粒子に他の粒子をある方向から入射させると，入射粒子は粒子間に働く力のためその運動方向を曲げられる．この現象を**散乱**(scattering)という．散乱問題は現代の物理学における重要な研究分野の1つである．また，このような2個の粒子を取り扱うことを**2体問題**という．2体問題は量子力学のみならず古典力学においても重要な意味をもつ．例えば，太陽の回りの地球の運動などはその典型的な例である．この場合，太陽と地球の重心は等速直線運動を行う．また，太陽に対する地球の相対運動は，みかけ上，地球の質量が換算質量(reduced mass) μに変わったと考えればよい．ただし，μは

$$\frac{1}{\mu} = \frac{1}{M} + \frac{1}{m} \tag{6.46}$$

で定義される. ここで, M, m はそれぞれ太陽, 地球の質量である. $M \gg m$ なので $\mu \simeq m$ としてよい.

同様なことが量子力学的な2体問題の場合でも成り立つ. 例えば, 水素原子では, 厳密にいうと, 陽子, 電子の質量をそれぞれ M, m としたとき, 電子の質量は換算質量に変わったと考えねばならない. しかし, この場合でも $M \gg m$ なので, $\mu \simeq m$ としてよい. これまで, とくに断わらなかったが, 水素原子のシュレーディンガー方程式を解くさい, 電子の質量をそのまま用いたのは上のような事情のためである.

2粒子間の散乱問題を考えるとき, 上述のように, 一方の粒子を固定しておき, そのかわり入射粒子の質量が μ であるとしてよい. 簡単のため前者の粒子を座標原点にとろう. 体系の相対運動を記述するシュレーディンガー方程式は

$$-\frac{\hbar^2}{2\mu}\Delta\psi + U(r)\psi = E\psi \tag{6.47}$$

と表される. ふつう $r \to \infty$ の極限で $U(r) \to 0$ であるから, $E > 0$ なら, この極限で ψ は平面波となる. これを e^{ikz} と書こう. (1)の場合と同じように, この波は z の正方向に進行する入射波を表す. この入射波は, 散乱の効果のため, 球面波となってひろがっていくであろう. そこで, 極座標を用い, $r \to \infty$ における ψ を

$$\psi \simeq e^{ikz} + \frac{f(\theta)}{r}e^{ikr} \tag{6.48}$$

と書く. 一般に, f は θ, φ に依存してもよいが, 考える体系は z 軸の回りで軸対称なので θ だけの関数となる. (6.48)の右辺第1項が入射波, 第2項が散乱波を表す. とくに, $f(\theta)$ という関数は

重要である．なぜなら，$|f(\theta)|^2$ は入射粒子が θ 方向に散乱される確率を表し，またこの確率は実験的に直接観測されるからである．

上の $f(\theta)$ を求めるのに2通りの方法がある．1つは，(6.47)で運動エネルギーの部分を非摂動ハミルトニアンとし，ポテンシャルの項を摂動論で取り扱う方法である．これを**ボルン近似**という．ポテンシャルが距離 a の程度まで影響を及ぼすときに，これは $ka \gg 1$ の場合によい近似となっている．すなわち，ボルン近似は a に比べて入射波の波長がはるかに小さいとき正しい結果を与える．一方，逆の極限，すなわち $ka \ll 1$ が成り立つときには

$$\phi = \sum_{l=0}^{\infty} R_l(r) P_l(\cos\theta) \tag{6.49}$$

というふうに波動関数を l の異なる波で展開する．これを**部分波の方法**という．水素原子の場合と同じように，$l=0,1,2$ に相当した波をそれぞれ s 波，p 波，d 波という．詳細は省略するが，$r \to \infty$ で $R_l(r)$ は

$$R_l(r) \longrightarrow \frac{A_l}{kr} \sin\left(kr - \frac{l\pi}{2} + \delta_l\right) \tag{6.50}$$

となることが示される．ただし，A_l は適当な定数，また δ_l は**位相のずれ**(phase shift)とよばれ，$U(r)=0$，すなわち自由粒子の場合には $\delta_l=0$ となる．上述の $f(\theta)$ はこの δ_l で表すことができ，とくに $ka \ll 1$ が成り立つと，l の最初の数項で十分近似のよい結果がえられる．ボルン近似と部分波の方法は，問題に応じて有効に使われている．

§4 参 考 書

量子力学の教科書ないし参考書はおびただしい数に達するが，本書を読んだ後，比較的楽に読みこなせると思える，初学者向け

の参考書をいくつか列挙しておく．

L. I. Schiff, "Quantum Mechanics", 3rd ed., McGraw-Hill (1968), reprint；好学社．邦訳(井上健)，"量子力学，上，下"，吉岡書店(1970, 1972).

三枝寿勝，瀬藤憲昭，"量子力学演習――シッフの問題解説――"(物理学叢書別巻)，吉岡書店(1971).

朝永振一郎，"量子力学 I, II"(I のみ第 2 版(1969))，みすず書房(1952).

山内恭彦，"量子力学"(新物理学シリーズ 4)，培風館(1968).

小谷正雄，"量子力学 I"(岩波全書)，岩波書店(1951).

小出昭一郎，"量子力学 I, II"(基礎物理学選書 5)，裳華房(1969).

原島鮮，"初等量子力学"，裳華房(1972).

岡崎誠，"量子力学"，サイエンス社(1977).

演習問題の解答

第1章

1.1 水平面と角 θ をなすなめらかな斜面を考え，図（解答）1.1 に示す x を一般化座標にとる．重力のポテンシャル U は $U=mgx\sin\theta$ と表される．ただし，m は質点の質量である．ラグランジアンは

$$L = \frac{1}{2}m\dot{x}^2 - mgx\sin\theta$$

と書けるから，ラグランジュの運動方程式から

$$m\ddot{x} + mg\sin\theta = 0 \quad \therefore \ddot{x} = -g\sin\theta$$

がえられる．すなわち，質点は大きさ $g\sin\theta$ の加速度をもって等加速度運動を行う．

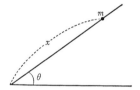

図（解答）1.1

1.2 長さ l の糸に質量 m のおもりをつけた単振り子を考え，一般化座標として図（解答）1.2 に示す角 φ をとる．おもりの速度 v は $v=l\dot\varphi$ と書け，また重力のポテンシャルの基準点としておもりの最下点を選ぶと，$U=mgl(1-\cos\varphi)$ である．したがって

$$L = \frac{1}{2}ml^2\dot\varphi^2 - mgl(1-\cos\varphi)$$

となり，ラグランジュの方程式から

$$ml^2\ddot\varphi + mgl\sin\varphi = 0$$

がえられる．なお，φ が十分小さいと $\sin\varphi\simeq\varphi$ と近似できるので

$$\ddot\varphi = -\frac{g}{l}\varphi$$

となり，単振り子は角振動数 $\sqrt{g/l}$ の単振動を行う．

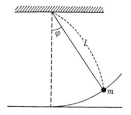

図(解答) 1.2

1.3 図1.8に示しただ円の面積を求めればよい．一般に，長径 a，短径 b のだ円の面積 S は $S=\pi ab$ で与えられる．したがって，求める面積は

$$S = \pi\sqrt{2mE}\sqrt{\frac{2E}{m\omega^2}} = 2\pi\frac{E}{\omega}$$

1.4 ポアッソンのかっこ式は

$$(u,v) = \sum_t \left(\frac{\partial u}{\partial q_t}\frac{\partial v}{\partial p_t} - \frac{\partial u}{\partial p_t}\frac{\partial v}{\partial q_t}\right)$$

と表される．

$$\frac{\partial p_r}{\partial q_t} = 0, \quad \frac{\partial p_s}{\partial p_t} = \delta_{st}, \quad \frac{\partial q_r}{\partial q_t} = \delta_{rt}, \quad \frac{\partial q_s}{\partial p_t} = 0$$

などの関係を使えば，$(p_r, p_s)=0$, $(q_r, q_s)=0$ が容易に導かれる．

また

$$\begin{aligned}(q_r, p_s) &= \sum_t\left(\frac{\partial q_r}{\partial q_t}\frac{\partial p_s}{\partial p_t} - \frac{\partial q_r}{\partial p_t}\frac{\partial p_s}{\partial q_t}\right) = \sum_t \delta_{rt}\delta_{st}\\ &= \delta_{rs}\end{aligned}$$

となる．

第 2 章

2.1 光が強いということは，単位時間にぶつかる光子の数が多いと考えられる．したがって，光の強さを大きくしたとき，ぶつかる光子の数がふえ，そのため飛び出す光電子の数もふえる．

2.2 (2.12), (2.13) より

$$\frac{1}{\lambda} = 1.09737\times 10^7 \times\left(\frac{1}{4}-\frac{1}{9}\right) = 0.152413\times 10^7\,\mathrm{m^{-1}}$$

$$\therefore \lambda = 6.5611\times 10^{-7}\,\mathrm{m} = 6561.1\,\text{Å}$$

演習問題の解答　　191

と計算され，図 2.7 に示した 6563 Å とよく一致する．

2.3
$$a = \frac{4\pi\varepsilon_0\hbar^2}{me^2} = \frac{4\times 3.142\times 8.854\times 10^{-12}\times (1.054)^2\times 10^{-68}}{9.107\times 10^{-31}\times (1.602)^2\times 10^{-38}}$$
$$= 5.29\times 10^{-11}\,\text{m} = 0.529\,\text{Å}$$

2.4　(2.31)からわかるように，電子が陽子から無限遠に離れていて，静止しているとき $E=0$ である(図(解答)2.1)．すなわち，水素原子がイオンになっているときが，エネルギーの原点である．電子には陽子からの引力が働くから，水素原子から電子を引きはなすためには外部から力学的な仕事を加える必要がある．このため，水素原子のエネルギー準位は負となる．(2.32)から水素原子の基底状態のエネルギーは $-e^2/8\pi\varepsilon_0 a$ と表され，したがって，電離化エネルギーはこの符号を逆にし

$$\frac{e^2}{8\pi\varepsilon_0 a} = 2.18\times 10^{-18}\,\text{J} = 13.6\,\text{eV}$$

と計算される．

図(解答)2.1

第 3 章

3.1　運動量 p が正とすれば，時間がたつにつれ x は増加する．しかし，$x=L$ に達するともとの $x=0$ に戻るので，xp 平面上で図(解答)3.1 の A→B→A→… の運動をくり返す．量子条件により

$$\int_0^L p\,\mathrm{d}x = nh \quad \therefore\ p = \frac{nh}{L}$$

となり，エネルギーは

$$E = \frac{p^2}{2m} = \frac{h^2 n^2}{2mL^2} \quad (n=0,1,2,\cdots)$$

と表される．一方，$p<0$ だと，図(解答)3.1 の B′→A′→B′→… の運動をくり返し，量子条件は

$$\int_L^0 p\,dx = nh \qquad \therefore\ p = -\frac{nh}{L}$$

となり，エネルギーは上式と一致する．$n=0$ は2つの場合でだぶるので，そのうちの1回だけをとることにする．こうして

$$E = \frac{h^2 n^2}{2mL^2} \qquad (n=0, \pm1, \pm2, \cdots)$$

がえられる．これは(3.40)と一致する．

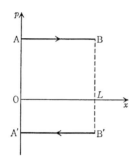

図(解答) **3.1**

3.2 本文中の(3.82)により

$$P(r) = \frac{4}{a^3} r^2 e^{-2r/a}$$

である．この式を r に関して微分すると

$$P'(r) = \frac{8r}{a^3}\left(1 - \frac{r}{a}\right)e^{-2r/a}$$

であるから，$r=a$ で $P(r)$ は極大となる．$r \ll a$ で $P(r) \propto r^2$, また $r \gg$

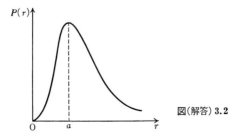

図(解答) **3.2**

a で $P(r)$ は指数関数的に減少するので, $P(r)$ の概略は図(解答)3.2 のように表される.

3.3
$$\overline{r^n} = \int_0^\infty r^n P(r)\,\mathrm{d}r = \frac{4}{a^3}\int_0^\infty r^{n+2}\mathrm{e}^{-2r/a}\,\mathrm{d}r$$

と表される. $r=(a/2)x$ の変数変換を行い

$$\overline{r^n} = \frac{4}{a^3}\left(\frac{a}{2}\right)^{n+3}\int_0^\infty x^{n+2}\mathrm{e}^{-x}\,\mathrm{d}x = \frac{a^n}{2^{n+1}}(n+2)!$$

と計算される. 電子の位置エネルギーは $U(r)=-e^2/4\pi\varepsilon_0 r$ である. よって, その平均値は上の結果で $n=-1$ とおき

$$\overline{U} = -\frac{e^2}{4\pi\varepsilon_0 a}$$

となる. また, 運動エネルギーを T とすると, エネルギー固有値は (3.49)により

$$-\frac{e^2}{8\pi\varepsilon_0 a}$$

と書けるから

$$-\frac{e^2}{8\pi\varepsilon_0 a} = \overline{T}+\overline{U}$$

が成り立つ. これから

$$\overline{T} = \frac{e^2}{8\pi\varepsilon_0 a}$$

3.4 $f(x)$ を任意の連続関数とすれば

$$\int_{-\infty}^\infty f(x)\delta(ax)\,\mathrm{d}x = \int_{-\infty}^\infty f\!\left(\frac{x'}{a}\right)\delta(x')\frac{\mathrm{d}x'}{a} = \frac{1}{a}f(0)$$

となる. これは $\delta(ax)=a^{-1}\delta(x)$ を意味する.

3.5 シュレーディンガー方程式は

$$-\frac{\hbar^2}{2m}\frac{\mathrm{d}^2\phi}{\mathrm{d}x^2}-U_0\delta(x)\phi = E\phi$$

と書ける. もし, $E>0$ だと, $x\neq 0$ で上式の解は平面波となり束縛状態を与えない. したがって, $E<0$ と仮定し

$$E = -\frac{\hbar^2\alpha^2}{2m}$$

とおく. $x\neq 0$ のとき

$$\frac{d^2\psi}{dx^2} = \alpha^2 \psi$$

となるから，$\alpha>0$ の仮定下で，束縛状態の解として

$$\psi = \begin{cases} A\,e^{-\alpha x} & (x>0) \\ A'\,e^{\alpha x} & (x<0) \end{cases}$$

がえられる．$x=0$ における ψ の連続性により $A=A'$ である．また，シュレーディンガー方程式を $-\varepsilon$ から ε まで x に関し積分すると

$$-\frac{\hbar^2}{2m}\left[\left(\frac{d\psi}{dx}\right)_\varepsilon - \left(\frac{d\psi}{dx}\right)_{-\varepsilon}\right] - U_0\psi(0) = 0$$

である．$\varepsilon \to 0$ で

$$\left(\frac{d\psi}{dx}\right)_\varepsilon = -\alpha A, \qquad \left(\frac{d\psi}{dx}\right)_{-\varepsilon} = \alpha A$$

となるので

$$\frac{\hbar^2 \alpha A}{m} - U_0 A = 0 \qquad \therefore\ \alpha = \frac{mU_0}{\hbar^2}$$

したがって

$$E = -\frac{\hbar^2}{2m}\frac{m^2 U_0^2}{\hbar^4} = -\frac{mU_0^2}{2\hbar^2}$$

3.6 固有関数として奇関数を仮定すると

$$\psi = \begin{cases} C\,e^{-\beta x} & (a<x<\infty) \\ A\sin\alpha x & (0<x<a) \end{cases}$$

$x=a$ での連続性より

$$-\beta = \alpha \cot \alpha a$$

がえられる．本文中と同様に考えると

$$y = -x\cot x, \qquad x^2+y^2 = \frac{2mU_0 a^2}{\hbar^2}$$

となり，エネルギー固有値は図(解答)3.3 から決められる．

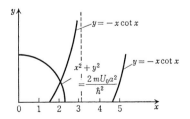

図(解答) **3.3**

3.7 3次元調和振動子のハミルトニアンは
$$H = \frac{1}{2m}(p_x^2+p_y^2+p_z^2)+\frac{m\omega^2}{2}(x^2+y^2+z^2)$$
で与えられる．よってシュレーディンガー方程式は
$$-\frac{\hbar^2}{2m}\left(\frac{\partial^2\psi}{\partial x^2}+\frac{\partial^2\psi}{\partial y^2}+\frac{\partial^2\psi}{\partial z^2}\right)+\frac{m\omega^2}{2}(x^2+y^2+z^2)\psi = E\psi$$
と書ける．変数分離の方法を用い
$$\psi = X(x)Y(y)Z(z)$$
と仮定すると
$$-\frac{\hbar^2}{2m}\frac{X''}{X}+\frac{m\omega^2}{2}x^2-\frac{\hbar^2}{2m}\frac{Y''}{Y}+\frac{m\omega^2}{2}y^2-\frac{\hbar^2}{2m}\frac{Z''}{Z}+\frac{m\omega^2}{2}z^2$$
$$= E$$
となる．左辺は，x の関数，y の関数，z の関数の和であるから各々が定数に等しい．これらの定数を，それぞれ F, G, H とすれば
$$-\frac{\hbar^2}{2m}\frac{\mathrm{d}^2 X}{\mathrm{d}x^2}+\frac{m\omega^2 x^2}{2}X = FX$$
$$-\frac{\hbar^2}{2m}\frac{\mathrm{d}^2 Y}{\mathrm{d}y^2}+\frac{m\omega^2 y^2}{2}Y = GY$$
$$-\frac{\hbar^2}{2m}\frac{\mathrm{d}^2 Z}{\mathrm{d}z^2}+\frac{m\omega^2 z^2}{2}Z = HZ$$
で，X, Y, Z に対する式は，それぞれ1次元調和振動子のものと一致する．また，E は
$$E = F+G+H$$
と書ける．したがって，エネルギー固有値は
$$E = \hbar\omega\left(n_1+n_2+n_3+\frac{3}{2}\right)$$
$$n_1, n_2, n_3 = 0, 1, 2, 3, \cdots$$
と表される．

3.8 (3.175)により
$$\psi_n(x) = A_n H_n(\xi)\,\mathrm{e}^{-\xi^2/2}$$
$x=b\xi$ を用いると
$$x\psi_n(x) = A_n b\xi H_n(\xi)\,\mathrm{e}^{-\xi^2/2}$$
である．漸化式(3.169)により

$$\xi H_n(\xi) = nH_{n-1}(\xi) + \frac{1}{2}H_{n+1}(\xi)$$

が成り立つ. したがって

$$\begin{aligned}x\psi_n(x) &= A_n b\left[nH_{n-1}(\xi) + \frac{1}{2}H_{n+1}(\xi)\right]\mathrm{e}^{-\xi^2/2} \\ &= bA_n\left[n\frac{\psi_{n-1}(x)}{A_{n-1}} + \frac{1}{2}\frac{\psi_{n+1}(x)}{A_{n+1}}\right]\end{aligned}$$

となる. (3.176)より導かれる

$$\frac{A_n}{A_{n-1}} = \frac{1}{\sqrt{2n}}, \qquad \frac{A_n}{A_{n+1}} = \sqrt{2(n+1)}$$

の関係に注意すれば与式がえられる.

$\psi_n(x)$ は規格直交系をつくることに注意すると,

$$x_{mn} = \int_{-\infty}^{\infty}\psi_m{}^*(x)b\left[\sqrt{\frac{n}{2}}\,\psi_{n-1}(x) + \sqrt{\frac{n+1}{2}}\,\psi_{n+1}(x)\right]\mathrm{d}x$$

は, $m=n-1$ または $m=n+1$ のときだけ0でなく, それ以外は0に等しい. すなわち

$$x_{mn} = \begin{cases} b\sqrt{\dfrac{n}{2}} & (m=n-1) \\ b\sqrt{\dfrac{n+1}{2}} & (m=n+1) \\ 0 & (m \neq n-1, n+1) \end{cases}$$

第 4 章

4.1
$$\begin{aligned}[A+B, C] &= (A+B)C - C(A+B) \\ &= AC - CA + BC - CB = [A, C] + [B, C]\end{aligned}$$

また

$$\begin{aligned}[A, BC] &= ABC - BCA \\ &= (AB - BA)C + B(AC - CA) \\ &= [A, B]C + B[A, C]\end{aligned}$$

4.2 Q がエルミート演算子であれば $\overline{Q} = \langle\psi|Q|\psi\rangle$ は実数である. 一般に, 任意の演算子 P, P' があるとき, α, β を任意の複素数とすれば

$$\langle\psi_1|(\alpha P + \beta P')|\psi_2\rangle^* = \langle\psi_2|(\alpha P + \beta P')^\dagger|\psi_1\rangle$$

であるが, 左辺は

$$\alpha^*\langle\psi_2|P^\dagger|\psi_1\rangle + \beta^*\langle\psi_2|P'^\dagger|\psi_1\rangle = \langle\psi_2|(\alpha^* P^\dagger + \beta^* P'^\dagger)|\psi_1\rangle$$

演習問題の解答   197

に等しい.したがって,一般に
$$(\alpha P+\beta P')^\dagger = \alpha^* P^\dagger + \beta^* P'^\dagger$$
の等式が成り立つ.この関係を使うと,Q がエルミート演算子の場合 $(Q-\bar{Q})^\dagger = Q-\bar{Q}$ が成り立つので題意の通りになる.また,$P^\dagger P$ のエルミート共役を考えると,$(P^\dagger P)^\dagger = P^\dagger P$ で $P^\dagger P$ はエルミート演算子となる.また上の等式を使うと
$$(P^\dagger + P)^\dagger = P + P^\dagger$$
$$[i(P-P^\dagger)]^\dagger = -iP^\dagger + iP = i(P-P^\dagger)$$
が成立するので題意の通りである.

4.3 電子にあてる X 線の振動数を ν とすれば,光子のエネルギーは $h\nu$ なので,これだけのエネルギーを電子にあてることになる.したがって,電子のエネルギーの不確定さは
$$\varDelta E \sim h\nu$$
である.一方,振動数 ν の波があると,この波が 1 回振動する時間は $1/\nu$ である.1 回以下の振動というのは振動として認識できないので,時間の不確定さ $\varDelta t$ は
$$\varDelta t \sim \frac{1}{\nu}$$
と考えられる.よって,$\varDelta E \cdot \varDelta t \sim h$ となる.

4.4 (4.118) により $\langle m|x|n\rangle$ で 0 でない要素は
$$\langle n-1|x|n\rangle = b\sqrt{\frac{n}{2}}, \quad \langle n+1|x|n\rangle = b\sqrt{\frac{n+1}{2}}$$
だけである.$n=0,1,2,\cdots$ とすれば
$$(x) = \begin{pmatrix} 0 & \frac{b}{\sqrt{2}}\sqrt{1} & 0 & 0 & \cdots \\ \frac{b}{\sqrt{2}}\sqrt{1} & 0 & \frac{b}{\sqrt{2}}\sqrt{2} & 0 & \cdots \\ 0 & \frac{b}{\sqrt{2}}\sqrt{2} & 0 & \frac{b}{\sqrt{2}}\sqrt{3} & \cdots \\ 0 & 0 & \frac{b}{\sqrt{2}}\sqrt{3} & 0 & \cdots \\ \vdots & \vdots & \vdots & \vdots & \end{pmatrix}$$
と表される.この行列は対角線に関して対称であるからエルミート行列であることは明らかである.

4.5 ハミルトニアンは

で与えられる．x に対する運動方程式は本文中と同じで

$$\frac{\mathrm{d}x}{\mathrm{d}t} = \frac{p}{m}$$

$$H = \frac{p^2}{2m} + \frac{m\omega^2 x^2}{2}$$

となる．また

$$\frac{\mathrm{d}p}{\mathrm{d}t} = \frac{i}{\hbar}[H, p] = \frac{i}{\hbar}\frac{m\omega^2}{2}[x^2, p] = \frac{i}{\hbar}m\omega^2 x[x, p]$$
$$= -m\omega^2 x$$

で，古典力学と同じ形をもつ．さらに，H は H 自身と交換可能なので

$$\frac{\mathrm{d}H}{\mathrm{d}t} = 0$$

となる．最後の結果は，ハイゼンベルク表示で H_{mn} が時間に無関係な定数であることを意味する．

第 5 章

5.1 極座標に対する与式より

$$\mathrm{d}x = \sin\theta\cos\varphi\,\mathrm{d}r + r\cos\theta\cos\varphi\,\mathrm{d}\theta - r\sin\theta\sin\varphi\,\mathrm{d}\varphi$$
$$\mathrm{d}y = \sin\theta\sin\varphi\,\mathrm{d}r + r\cos\theta\sin\varphi\,\mathrm{d}\theta + r\sin\theta\cos\varphi\,\mathrm{d}\varphi$$
$$\mathrm{d}z = \cos\theta\,\mathrm{d}r - r\sin\theta\,\mathrm{d}\theta$$

である．これより

$$(\mathrm{d}s)^2 = (\mathrm{d}r)^2 + r^2(\mathrm{d}\theta)^2 + r^2\sin^2\theta(\mathrm{d}\varphi)^2$$

がえられる．したがって，本文中で述べたように，$g_1=1$, $g_2=r$, $g_3=r\sin\theta$ となる．

5.2 $\Theta=(1-x^2)^{m/2}y$ の定義式から

$$\frac{\mathrm{d}\Theta}{\mathrm{d}x} = -m(1-x^2)^{m/2-1}xy + (1-x^2)^{m/2}\frac{\mathrm{d}y}{\mathrm{d}x}$$

よって

$$(1-x^2)\frac{\mathrm{d}\Theta}{\mathrm{d}x} = -m(1-x^2)^{m/2}xy + (1-x^2)^{m/2+1}\frac{\mathrm{d}y}{\mathrm{d}x}$$

これをさらに x で微分すると

$$\frac{\mathrm{d}}{\mathrm{d}x}\left[(1-x^2)\frac{\mathrm{d}\Theta}{\mathrm{d}x}\right] = m^2(1-x^2)^{m/2-1}x^2y - m(1-x^2)^{m/2}y$$

$$-m(1-x^2)^{m/2}x\frac{\mathrm{d}y}{\mathrm{d}x}-(m+2)(1-x^2)^{m/2}x\frac{\mathrm{d}y}{\mathrm{d}x}$$
$$+(1-x^2)^{m/2+1}\frac{\mathrm{d}^2y}{\mathrm{d}x^2}$$

以上の結果をもとの微分方程式に代入し，$(1-x^2)^{m/2}$ で割ると

$$(1-x^2)\frac{\mathrm{d}^2y}{\mathrm{d}x^2}-(m+2)x\frac{\mathrm{d}y}{\mathrm{d}x}-mx\frac{\mathrm{d}y}{\mathrm{d}x}-my+\frac{m^2}{1-x^2}x^2y$$
$$+\left(\lambda-\frac{m^2}{1-x^2}\right)y=0$$

となる．これを整理すると

$$(1-x^2)\frac{\mathrm{d}^2y}{\mathrm{d}x^2}-2(m+1)x\frac{\mathrm{d}y}{\mathrm{d}x}+[\lambda-m(m+1)]y=0$$

5.3 ルジャンドルの微分方程式
$$(1-x^2)P_l''-2xP_l'+l(l+1)P_l=0$$
を x に関し m 回微分すると
$$(1-x^2)P_l^{(m+2)}-2mxP_l^{(m+1)}-m(m-1)P_l^{(m)}-2xP_l^{(m+1)}$$
$$-2mP_l^{(m)}+l(l+1)P_l^{(m)}=0$$
これを整理し
$$(1-x^2)P_l^{(m+2)}-2(m+1)xP_l^{(m+1)}$$
$$+[l(l+1)-m(m+1)]P_l^{(m)}=0$$

5.4 極座標を用いると
$$x=r\sin\theta\cos\varphi,\quad y=r\sin\theta\sin\varphi,\quad z=r\cos\theta$$
であるが，r,θ,φ を逆に x,y,z で表すと
$$r=\sqrt{x^2+y^2+z^2},\quad \theta=\cos^{-1}\frac{z}{\sqrt{x^2+y^2+z^2}},\quad \varphi=\tan^{-1}\frac{y}{x}$$
となる．任意の ψ に対し
$$\frac{\partial\psi}{\partial z}=\frac{\partial\psi}{\partial r}\frac{\partial r}{\partial z}+\frac{\partial\psi}{\partial\theta}\frac{\partial\theta}{\partial z}+\frac{\partial\psi}{\partial\varphi}\frac{\partial\varphi}{\partial z}$$
であるが，$\partial\varphi/\partial z=0$ が成り立つ．また
$$\frac{\partial r}{\partial z}=\frac{z}{\sqrt{x^2+y^2+z^2}}=\frac{z}{r}=\cos\theta$$
次に $\partial\theta/\partial z$ を求めるため
$$\cos\theta=\frac{z}{\sqrt{x^2+y^2+z^2}}$$

の両辺を z で偏微分する．その結果は

$$-\sin\theta\frac{\partial\theta}{\partial z} = \frac{1}{\sqrt{x^2+y^2+z^2}} - \frac{z^2}{(x^2+y^2+z^2)^{3/2}}$$

$$= \frac{1}{r} - \frac{z^2}{r^3} = \frac{r^2 - r^2\cos^2\theta}{r^3} = \frac{\sin^2\theta}{r}$$

$$\therefore \frac{\partial\theta}{\partial z} = -\frac{\sin\theta}{r}$$

よって

$$\frac{\partial\psi}{\partial z} = \cos\theta\frac{\partial\psi}{\partial r} - \frac{\sin\theta}{r}\frac{\partial\psi}{\partial\theta}$$

すなわち

$$\frac{\partial}{\partial z} = \cos\theta\frac{\partial}{\partial r} - \frac{\sin\theta}{r}\frac{\partial}{\partial\theta} \qquad ①$$

次に $\partial/\partial y$ を同様に計算すると

$$\frac{\partial\psi}{\partial y} = \frac{\partial\psi}{\partial r}\frac{\partial r}{\partial y} + \frac{\partial\psi}{\partial\theta}\frac{\partial\theta}{\partial y} + \frac{\partial\psi}{\partial\varphi}\frac{\partial\varphi}{\partial y}$$

だが

$$\frac{\partial r}{\partial y} = \frac{y}{\sqrt{x^2+y^2+z^2}} = \frac{y}{r} = \sin\theta\sin\varphi$$

となる．また $\cos\theta = z/\sqrt{x^2+y^2+z^2}$ を y で偏微分し

$$-\sin\theta\frac{\partial\theta}{\partial y} = \frac{-zy}{(x^2+y^2+z^2)^{3/2}} = -\frac{r\cos\theta\cdot r\sin\theta\sin\varphi}{r^3}$$

$$\therefore \frac{\partial\theta}{\partial y} = \frac{\cos\theta\sin\varphi}{r}$$

さらに $\tan\varphi = y/x$ を y で偏微分し

$$\frac{1}{\cos^2\varphi}\frac{\partial\varphi}{\partial y} = \frac{1}{x} = \frac{1}{r\sin\theta\cos\varphi}$$

$$\therefore \frac{\partial\varphi}{\partial y} = \frac{\cos\varphi}{r\sin\theta}$$

これらの結果から

$$\frac{\partial}{\partial y} = \sin\theta\sin\varphi\frac{\partial}{\partial r} + \frac{\cos\theta\sin\varphi}{r}\frac{\partial}{\partial\theta} + \frac{\cos\varphi}{r\sin\theta}\frac{\partial}{\partial\varphi} \qquad ②$$

①，② の両式から

$$y\frac{\partial}{\partial z} - z\frac{\partial}{\partial y} = r\sin\theta\sin\varphi\left(\cos\theta\frac{\partial}{\partial r} - \frac{\sin\theta}{r}\frac{\partial}{\partial\theta}\right)$$

演習問題の解答

$$-r\cos\theta\Big(\sin\theta\sin\varphi\frac{\partial}{\partial r}+\frac{\cos\theta\sin\varphi}{r}\frac{\partial}{\partial \theta}$$
$$+\frac{\cos\varphi}{r\sin\theta}\frac{\partial}{\partial \varphi}\Big)$$
$$=-\sin\varphi\frac{\partial}{\partial \theta}-\cot\theta\cos\varphi\frac{\partial}{\partial \varphi}$$

したがって
$$L_x=i\hbar\Big(\sin\varphi\frac{\partial}{\partial \theta}+\cot\theta\cos\varphi\frac{\partial}{\partial \varphi}\Big)$$

となり，本文中の(5.111)がえられた．

L_y を求めるには $\partial/\partial x$ を変換する必要がある．
$$\frac{\partial \psi}{\partial x}=\frac{\partial \psi}{\partial r}\frac{\partial r}{\partial x}+\frac{\partial \psi}{\partial \theta}\frac{\partial \theta}{\partial x}+\frac{\partial \psi}{\partial \varphi}\frac{\partial \varphi}{\partial x}$$

の関係で
$$\frac{\partial r}{\partial x}=\frac{x}{r}=\sin\theta\cos\varphi$$

また $\cos\theta=z/\sqrt{x^2+y^2+z^2}$ より
$$-\sin\theta\frac{\partial \theta}{\partial x}=-\frac{zx}{(x^2+y^2+z^2)^{3/2}}=-\frac{r\cos\theta\cdot r\sin\theta\cos\varphi}{r^3}$$
$$\therefore\ \frac{\partial \theta}{\partial x}=\frac{\cos\theta\cos\varphi}{r}$$

さらに $\tan\varphi=y/x$ を x で偏微分し
$$\frac{1}{\cos^2\varphi}\frac{\partial \varphi}{\partial x}=-\frac{y}{x^2}=-\frac{r\sin\theta\sin\varphi}{r^2\sin^2\theta\cos^2\varphi}$$
$$\therefore\ \frac{\partial \varphi}{\partial x}=-\frac{\sin\varphi}{r\sin\theta}$$

よって
$$\frac{\partial}{\partial x}=\sin\theta\cos\varphi\frac{\partial}{\partial r}+\frac{\cos\theta\cos\varphi}{r}\frac{\partial}{\partial \theta}-\frac{\sin\varphi}{r\sin\theta}\frac{\partial}{\partial \varphi} \qquad ③$$

①,③ の両式より
$$z\frac{\partial}{\partial x}-x\frac{\partial}{\partial z}=r\cos\theta\Big(\sin\theta\cos\varphi\frac{\partial}{\partial r}+\frac{\cos\theta\cos\varphi}{r}\frac{\partial}{\partial \theta}-\frac{\sin\varphi}{r\sin\theta}\frac{\partial}{\partial \varphi}\Big)$$
$$-r\sin\theta\cos\varphi\Big(\cos\theta\frac{\partial}{\partial r}-\frac{\sin\theta}{r}\frac{\partial}{\partial \theta}\Big)$$
$$=\cos\varphi\frac{\partial}{\partial \theta}-\cot\theta\sin\varphi\frac{\partial}{\partial \varphi}$$

故に
$$L_y = i\hbar\left(-\cos\varphi\frac{\partial}{\partial\theta} + \cot\theta\sin\varphi\frac{\partial}{\partial\varphi}\right)$$
で,本文中の(5.112)がえられた. 因みに, ②, ③式から L_z に対する本文中の(5.108)が求まるはずである. 読者は自身で確かめてみよ.

索　引

ア 行

アインシュタインの関係　36
アインシュタインの光電方程式　33
アインシュタイン模型　28
安定な平衡点　7
位相空間　24
位相のずれ　187
1次元調和振動子　22, 42, 92
1次元非調和振動子　179
1次の摂動エネルギー　178
一般化運動量　19
一般化座標　15
井戸型ポテンシャル　88
運動量空間　76
運動量表示　82, 119
エーレンフェストの定理　102
エネルギー固有値　61
エネルギー準位　41
エルミート演算子　113
エルミート共役　112
エルミート行列　133
エルミート直交　115
エルミートの多項式　98
演算子　58

カ 行

解析力学　1

可換　111
角振動数　23
確率の法則　118
仮想仕事の原理　4
仮想変位　3
換算質量　185
慣性抵抗　7
慣性力　7
完全系　122
ガンマ関数　73
規格化　71
規格直交系　68
基礎関数系　131
気体定数　29
基底状態　42
軌道　9
軌道角運動量　169
球面調和関数　162
境界条件　61
行列　132
行列力学　137
極座標　15
クロネッカー記号　25
ケット・ベクトル　112
交換可能　110
交換関係　111
交換子　111
光子　34
格子振動　28

光電限界振動数　31
光電効果　31
光電子　31
勾配　145
古典力学　1
固有関数　61

サ 行

最小作用の原理　14
作用　14
作用素　108
散乱　185
試行関数　181
思考実験　125
仕事関数　32
質点系　4
シュヴァルツの不等式　127
周期的境界条件　62
縮退度　115
シュミットの方法　116
シュレーディンガーの(時間によらない)波動方程式　56
シュレーディンガーの(時間を含んだ)波動方程式　57
シュレーディンガー表示　138
シュレーディンガー方程式　60
初期位相　23
真空の誘電率　44
振動数　23
振幅　23
水素原子　44, 163
スピン　175
スペクトル項　39

スペクトル線　37
正準変数　21
正則異常点　165
正則特異点　165
摂動項　177
摂動論　177
ゼロ点エネルギー　98
漸化式　99
前期量子論　40
線型　109
線スペクトル　37
全量子数　167
束縛状態　91

タ 行

ダランベルの原理　7
中心力　142
直交　115
直交曲線座標　147
定常状態　41
ディラック定数　43
デヴィッソン・ジャーマーの実験　47
デバイ模型　30
デュロン-プティの法則　29
デルタ関数　80
電子線回折　49
電子波　47
電離化エネルギー　52
透過波　184
透過率　185
ドゥ・ブローイーの関係　47
ドゥ・ブローイー波　47

トンネル効果　89

ナ 行

2次の摂動エネルギー　179
2体問題　185
入射波　184
ニュートンの運動方程式　2
ニュートン力学　1
熱容量　27

ハ 行

ハイゼンベルクの運動方程式　139
ハイゼンベルクの不確定性関係　124
ハイゼンベルクの不確定性原理　124
ハイゼンベルク表示　138
箱中の規格化　67
波数　51
波数ベクトル　53
波束　102
発散　144
パッシェン系列　39
波動関数　55
波動方程式　54
波動量　53
ハミルトニアン　21
ハミルトンの原理　12
ハミルトンの正準方程式　21
バルマー系列　38
反射波　184
反射率　185
光のスペクトル　37
光の二重性　36
非摂動エネルギー　178
非摂動ハミルトニアン　177
比熱　27
不安定な平衡点　7
フーリエ級数　78
フーリエ係数　78
フーリエ積分　79
フーリエ変換　80
フェルミ・ディラック統計　176
フェルミ統計　176
フェルミ粒子　175
復元力　22
物質波　47
部分波の方法　187
ブラ・ベクトル　112
プランク定数　32
分光学　37
分子熱　29
平衡状態　3
平衡点　3
平衡の位置　3
平面波　67
変数分離の方法　66, 143
変分パラメター　181
変分法　180
ポアッソンのかっこ式　24
方向余弦　146
ボーアの振動数条件　42
ボーア半径　45
ボース・アインシュタイン統計

176
ボース統計　175
ボース粒子　175
母関数　98
ボルツマン定数　28
ボルン近似　187

マ 行

モル分子数　29

ラ 行

ライマン系列　39
ラグランジアン　14
ラグランジュの方程式　17
ラグランジュの未定乗数法　5

力学的エネルギー保存の法則
　25
リッツの結合法則　39
粒子の存在確率　71
リュードベリ定数　38
量子仮説　35
量子条件　42
量子統計　176
ルジャンドルの多項式　155
ルジャンドルの陪関数　159
ルジャンドルの微分方程式
　155
励起状態　42
連続固有値　91

■岩波オンデマンドブックス■

物理テキストシリーズ 6
量子力学入門

```
1980 年 5 月23日   第 1 刷発行
1985 年 4 月 5 日   第 6 刷発行
1987 年 1 月29日   新装版第 1 刷発行
2014 年 2 月 5 日   新装版第 30 刷発行
2017 年 9 月12日   オンデマンド版発行
```

著 者　阿部龍蔵（あべりゅうぞう）

発行者　岡本 厚

発行所　株式会社 岩波書店
〒 101-8002 東京都千代田区一ツ橋 2-5-5
電話案内 03-5210-4000
http://www.iwanami.co.jp/

印刷／製本・法令印刷

Ⓒ 阿部康子 2017
ISBN 978-4-00-730664-8　　Printed in Japan